SEO CERTIFICATION
TEST 4th GRADE

2022・2023年版

SEO
検定
公式問題集

一般社団法人
全日本SEO協会 編

問題解説・過去問題2回付き!

4級

JN045625

C&R研

■本書の内容について

● 本書は編集者が実際に操作した結果を慎重に検討し、著述・編集しています。ただし、本書の記述内容に関わる運用結果にまつわるあらゆる損害・障害につきましては、責任を負いませんのであらかじめご了承ください。

●本書の内容についてのお問い合わせについて

　この度はC&R研究所の書籍をお買い上げいただきましてありがとうございます。本書の内容に関するお問い合わせは、「書名」「該当するページ番号」「返信先」を必ず明記の上、C&R研究所のホームページ(https://www.c-r.com/)の右上の「お問い合わせ」をクリックし、専用フォームからお送りいただくか、FAXまたは郵送で次の宛先までお送りください。お電話でのお問い合わせや本書の内容とは直接的に関係のない事柄に関するご質問にはお答えできませんので、あらかじめご了承ください。

〒950-3122 新潟県新潟市北区西名目所4083-6　株式会社 C&R研究所　編集部
FAX 025-258-2801
「SEO検定 公式問題集 4級 2022・2023年版」サポート係

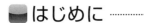 **はじめに**

　SEO検定4級試験は最新のSEO技術の全体像をつかむために、SEOを確立された技術体系として、インターネットの起源と検索エンジンの起源にまでさかのぼり、根本的な知識を入門者にもわかりやすく解説するものです。

　近年、インターネットを活用した集客が普及し、Webサイトを持つ企業数は年々増加の一途をたどっています。そのためWebサイトの数が増えれば増えるほど自社商品の存在を知ってもらうことが困難になるというジレンマを多くの企業が抱えるようになりました。

　より短期間に自社商品の存在を見込み客に知ってもらうための手段として検索結果ページに表示されるリスティング広告が急成長し、その出稿数もそれに伴い増加するようになりました。ただし、それはWebサイトを持てば集客が低コストで可能になるという本来のWebサイト開設の趣旨に逆行するという第二の矛盾を生み出すことにもなりました。

　そうした中、SEO（SearchEngineOptimization:検索エンジン最適化）という技術が生まれ、国内外の多くの企業が実践し、低コストによる集客を可能にしました。しかし、その技術の多くはネットの専門用語が多用されており、SEO初心者はもとよりWebに関する知識を学んでいない方にとって近寄り難いもののままでした。なぜなら、SEOは確立された技術体系というよりは過去の経験の積み重ねによる経験知のままであり、その実践には多くの経験とそれを得るための長い時間が求められたからです。

　SEO検定4級カリキュラムの目的は、SEOを確立された技術体系としてインターネットの起源と検索エンジンの起源にまでさかのぼり、現在までの歴史的流れを説明しながらSEO入門者にもわかりやすく解説するものです。これによりWebの基礎的な知識がなくてもSEOの全体像を俯瞰し、これから本格的にSEOを学ぼうという方にとっての初心者向け入門書になりました。

　この検定試験に合格することにより世にさまざまな形で提供されているSEOの情報を初心者の方でも理解しやすくなるはずです。また、このカリキュラムでは従来のSEOだけではなく、ソーシャルメディアという新しい集客ツールも紹介しているので今後も企業の現場で活用出来る最新のSEO技術を身につける大きなきっかけになるはずです。

　本書がこれからSEOを学び社会で大きく活躍しようという方の一助になることを心より祈念しています。

2022年2月

一般社団法人全日本SEO協会

■本書の使い方 ········

●チェック欄
自分の解答を記入したり、問題を解いた回数をチェックする欄です。合格に必要な知識を身に付けるには、複数回、繰り返し行うと効果的です。適度な間隔を空けて、3回程度を目標にして解いてみましょう。

●問題文
公式テキストに対応した問題が出題されています。左ページの問題と右ページの正解は見開き対照になっています。

SEO CERTIFICATION TEST 4th GRADE

第5問

Q レンタルサーバ会社の役割として最も適切なものをABCDの中から1つ選びなさい。

1回目

2回目

3回目

A：ネット接続

B：IPアドレスの管理

C：SEOサービスの提供

D：Webサイトの公開

第6問

Q DNSは何の略か？ 最も適切なものをABCDの中から1つ選びなさい。

1回目

2回目

3回目

A：Domain Name System

B：Data Number System

C：Domain Number System

D：Data Name Server

本書は、反復学習を容易にする一問一答形式になっています。左ページには、SEO検定4級の公式テキストに対応した問題が出題されています。解答はすべて四択形式で、右ページにはその解答と解説を記載しています。学習時には右ページを隠しながら、左ページの問題を解いていくことができます(一部、問題が見開きで回答が次ページに記載している場合もあります)。

解説欄では、解答だけでなく、解説も併記しているので、単に問題の正答を得るだけでなく、解説を読むことで合格に必要な知識を身に付けることもできます。

また、巻末には過去2回分の本試験の問題と解答を収録しています。白紙の解答用紙も掲載していますので、試験直前の実力試しにお使いください。

●章タイトル
分野ごとに章分けしています。

第1章　Webと検索エンジンの仕組み

正解　D：Webサイトの公開

●正解
本問の答えです。

　　一定の比較的安価な料金を払うことによってサーバの領域を貸し出す企業が現れ、レンタルサーバ会社と呼ばれるようになりました。そしてレンタルサーバ会社と契約することにより誰でも手軽にWebサイトを開設し、情報発信することが可能になりました。

　　ネット接続のサービスを提供するのはISP(Internet Service Provider:インターネットサービスプロバイダー)です。

　　IPアドレスの管理を委任されている組織は「インターネットレジストリ」と呼ばれ、IANA(Internet Assigned Numbers Authority)を頂点した階層構造を基に管理を行っています。

　　SEOサービスの提供は、SEO会社やWeb制作会社、個人事業主が提供しています。

●解説
正解を導くための解説部分です。

正解　A：Domain Name System

　　IPアドレスとドメイン名を対応させるシステムはDNS(Domain Name System)と呼ばれ、DNSを管理するサーバをDNSサーバと呼びます。

　　Data Number System、Domain Number System、Data Name Serverは造語であり、使われていない言葉なので不正解です。

SEO検定4級　試験概要

⫼ 運営管理者

《出題問題監修委員》　　　東京理科大学工学部情報工学科　教授　古川利博

《出題問題作成委員》　　　一般社団法人全日本SEO協会　代表理事　鈴木将司

《特許・人工知能研究委員》　一般社団法人全日本SEO協会　特別研究員　郡司武

《モバイル技術研究委員》　　アロマネット株式会社 代表取締役　中村義和

《構造化データ研究》　　　一般社団法人全日本SEO協会　特別研究員　大谷将大

⫼ 受験資格

学歴、職歴、年齢、国籍等に制限はありません。

⫼ 出題範囲

SEO検定4級公式テキストの第1章から第6章までの全ページ

- 公式テキスト

  URL https://www.ajsa.or.jp/kentei/seo/4/textbook.html

⫼ 合格基準

得点率80%以上

- 過去の合格率について

  URL https://www.ajsa.or.jp/kentei/seo/goukakuritu.html

⫼ 出題形式

選択式問題　80問

試験時間　60分

⫼ 試験形態

所定の試験会場での受験となります。

- 試験会場と試験日程についての詳細

  URL https://www.ajsa.or.jp/kentei/seo/4/schedule.html

⫼ 受験料金

5,000円（税別）/1回（再受験の場合は同一受験料金がかかります）

▌▌▌ 試験日程と試験会場

- 試験会場と試験日程についての詳細

  URL https://www.ajsa.or.jp/kentei/seo/4/schedule.html

▌▌▌ 受験票について

受験票の送付はございません。お申し込み番号が受験番号になります。

▌▌▌ 受験者様へのお願い

試験当日、会場受付にてご本人様確認を行います。身分証明書をお持ちください。

▌▌▌ 合否結果発表

合否通知は試験日より14日以内に郵送により発送します。

▌▌▌ 認定証

認定証発行料金無料（発行費用および送料無料）

▌▌▌ 認定ロゴ

合格後はご自由に認定ロゴを名刺や印刷物、ウェブサイトなどに掲載できます。認定ロゴは
ウェブサイトからダウンロード可能です（PDFファイル、イラストレータ形式にてダウンロード）。

▌▌▌ 認定ページの作成と公開

希望者は全日本SEO協会公式サイト内に合格証明ページを作成の上、公開できます（プロ
フィールと写真、またはプロフィールのみ）。

- 実際の合格証明ページ

  URL https://www.zennihon-seo.org/associate/

■目次

第 1 章

Webと検索エンジンの仕組み

SEO CERTIFICATION TEST 4th GRADE

第1問

Q 次の文中の空欄 [ ] に入る最も適切な語句をABCDの中から1つ選びなさい。

1回目

インターネットの前身は [ ] と呼ばれるパケット通信によるコンピューターネットワークである。

2回目

3回目

A：ARPANET

B：Ethernet

C：Local Area Network

D：DARPANET

第2問

Q 日本人の多くがホームページと呼ぶものは英語圏の国では何と呼ばれているか？ 最も適切な語句をABCDの中から1つ選びなさい。

1回目

A：表紙

2回目

B：インターネット

C：WWW

3回目

D：Webサイト

正解　A：ARPANET

　インターネットの歴史はその前身であるARPANETの誕生からスタートしました。

　ARPANETは1960年代に軍事目的のために開発された世界で初めて運用されたパケット通信によるコンピューターネットワークです。

　当時は冷戦時代で核戦争の勃発が懸念される時代でした。

　万一核戦争が起きた場合、重要な情報を持つコンピュータが一箇所だけにあるとそこが攻撃された場合全てのデータが消失してしまいます。しかしデータが収まっているコンピュータが複数箇所に分散されていればデータが生き残る確率が増すというコンセプトがARPANETでした。

　Ethernet（イーサネット）とは、主に室内や建物内でコンピュータや電子機器をケーブルでつないで通信する有線LANの標準の1つで、最も普及している規格です。

　Local Area Network（LAN：ローカルエリアネットワーク）とは、企業・官庁のオフィスや工場などの事業所、学校、家庭などで使用されるコンピュータネットワークです。

　DARPANETという言葉は使われていないので不正解です。

正解　D：Webサイト

　日本ではWebサイトのことを「ホームページ」、または「HP」と呼ぶ習慣が続いてきましたが、近年では海外のようにWebサイト、またはサイトと呼ぶ人達が増えてきています。

本来、「ホームページ」は次の2通りの意味合いがあります。

・Webサイトのトップページ（表紙のページ）

・ブラウザを開いて最初に表示されるスタートページ

第3問

Q　世界で初めて使われたブラウザの名前は何か?　最も適切な語句を
ABCDの中から1つ選びなさい。

A：Mosaic

B：Chrome

C：Internet Explorer

D：Netscape Navigator

第4問

Q　ISPの役割について最も適切な説明をABCDの中から1つ選びなさい。

A：IPアドレスとドメインネームの提供をしてインターネットの住所を
管理し交通整理をしている

B：Webサイトを収納するためのサーバーを企業や公共団体などに
貸している

C：誰でも気軽にソーシャル・ネットワーキング・サービスが利用でき
るようなサポートサービスを提供している

D：ネットワークの技術的な知識がなくても低コストでネット接続がで
きるサービスを提供している

正解　A：Mosaic

　Webサイトを閲覧するための初のWebブラウザは「Mosaic」（モザイク）と名付けられ、それはWWWの普及を促しました。

　Chrome（クローム）はGoogleが提供している市場シェアNo.1のブラウザです。

　Internet Explorerはマイクロソフトがかつて開発していたブラウザです。以前の名称はMicrosoft Internet ExplorerやWindows Internet Explorerで、一般的にIEやMSIEと呼ばれています。Windows 10からWindowsの標準ブラウザはMicrosoft Edgeに置き換えられ、Internet Explorerの開発は終了しました。

　Netscape Navigator（ネットスケープナビゲーター）は、ネットスケープコミュニケーションズが1994年に開発したブラウザでInternet Explorerの市場シェアが拡大するまでは市場シェアが70%にまで達していました。

正解　D：ネットワークの技術的な知識がなくても低コストでネット接続ができるサービスを提供している

　インターネットは便利な技術ですが、そこに接続するためには当初、多額の費用と運用技術が必要であり今日のように誰でも接続できるようなものではありませんでした。

　そのような中、ネットワークの技術的な知識がない個人や企業でも低コストで気軽に利用できるインターネット接続サービスを提供するためにISP（Internet Service Provider）が誕生しました。いわゆるプロバイダーと呼ばれる企業です。

第5問

Q レンタルサーバ会社の役割として最も適切なものをABCDの中から1つ選びなさい。

1回目

2回目

3回目

A：ネット接続

B：IPアドレスの管理

C：SEOサービスの提供

D：Webサイトの公開

第6問

Q DNSは何の略か？　最も適切なものをABCDの中から1つ選びなさい。

1回目

2回目

3回目

A：Domain Name System

B：Data Number System

C：Domain Number System

D：Data Name Server

正解 **D：Webサイトの公開**

　一定の比較的安価な料金を払うことによってサーバの領域を貸し出す企業が現れ、レンタルサーバ会社と呼ばれるようになりました。そしてレンタルサーバ会社と契約することにより誰でも手軽にWebサイトを開設し、情報発信することが可能になりました。

　ネット接続のサービスを提供するのはISP(Internet Service Provider:インターネットサービスプロバイダー)です。

　IPアドレスの管理を委任されている組織は「インターネットレジストリ」と呼ばれ、IANA(Internet Assigned Numbers Authority)を頂点した階層構造を基に管理を行っています。

　SEOサービスの提供は、SEO会社やWeb制作会社、個人事業主が提供しています。

正解 **A：Domain Name System**

　IPアドレスとドメイン名を対応させるシステムはDNS(Domain Name System)と呼ばれ、DNSを管理するサーバをDNSサーバと呼びます。

　Data Number System、Domain Number System、Data Name Serverは造語であり、使われていない言葉なので不正解です。

第7問

Q ドメイン所有者がドメイン購入後に自由に決めることができるのはwww.
aaaaa.co.jpのうちどれか? 該当する部分をABCDの中から1つ選びなさい。

1回目

2回目

A：www

B：aaaaa

3回目

C：co

D：jp

第8問

Q URLは何の略か? 最も適切なものをABCDの中から1つ選びなさい。

1回目

A：Universal Resource Locator

B：Uniform Resource Location

2回目

C：Union Resource Location

D：Uniform Resource Locator

3回目

正解　A：www

　ドメイン名は4つのレベルから構成されます。

【ドメイン名の構成】

　先頭のwwwの部分、すなわち第4レベルドメインはドメイン所有者がドメイン購入後に自由に文字列を決めることができます。

正解　D：Uniform Resource Locator

　URLとはUniform Resource Locator(ユニフォームリソースロケーター)の略で、Web上に存在するWebサイトの場所を示すものでWeb上の住所を意味することからWebアドレス、またはホームページアドレスとも呼ばれます。

　Universal Resource Locator、Uniform Resource Location、Union Resource Locationは造語であり、使われていない言葉なので不正解です。

第9問

Q WWWが始まったばかりの初期のWebサイトのトップページはどのようなものだったか？　最も適切なものをABCDの中から1つ選びなさい。

1回目

2回目

3回目

A：複雑な構造で一般的なネットユーザーによっては非常にわかりづらいページだった

B：装飾がほとんどなくシンプルな画像とテキスト、テキストリンクで作られたインデックスとして作られたページだった

C：画像や動画がなく、視認性が低いページだった

D：装飾が施こされたでデザイン性が高い画像が散りばめられたページだった

第10問

Q 次の文中の空欄［　］に入る最も適切な語句をABCDの中から1つ選びなさい。

1回目

［　］が増えていけばいくほどユーザーが見たいページにたどり着くのが困難になる

2回目

A：トップページ

3回目

B：商品詳細ページ

C：お問い合わせフォーム

D：サブページ

正解　B：装飾がほとんどなくシンプルな画像とテキスト、テキストリンクで
作られたインデックスとして作られたページだった

WWWが始まったばかりの初期のWebサイトのトップページはまさ
にインデックス（索引）のようにWebサイトの中にどのようなWebペー
ジがあるかが一目でわかる目次のような作りでした。当時のトップペー
ジは装飾がほとんどなくシンプルな画像とテキスト、テキストリンクで
作られたインデックス状のページでした。

正解　D：サブページ

サブページが増えていけばいくほどユーザーが見たいページにた
どり着くのが困難になります。わかりやすくするためには同じ系統の
情報ごとにカテゴリ分けをすることです。

カテゴリ分けをする際に、各カテゴリの入り口となるページのことを
「カテゴリページ」、または「カテゴリトップ」「カテゴリトップページ」と
呼びます。

第11問

Q Webページを構成する技術要素として当てはまらないものをABCDの中から1つ選びなさい。

A：CSS

B：カテゴリ

C：HTML

D：JavaScript

第12問

Q 次の文中の空欄［　］に入る最も適切な語句をABCDの中から1つ選びなさい。

HTMLでは、［　］で囲まれた「タグ」と呼ばれる特別な文字列を使うことで、文書の構造（見出しや段落）を指定したり、画像を表示したり、リンクを設定したりできる。

A："("と")"

B："["と"]"

C："#"と"#"

D："<"と">"

正解　B：カテゴリ

　　Webページは次の技術要素により構成されます。
①HTML
②JavaScript
③CSS（スタイルシート）
④その他技術

　　カテゴリページとはトップページの階層から1階層下に下がったディ
レクトリ（フォルダ）で作成するページ群のことをいいます。サイト内に
サブページが増えていけばいくほど、ユーザーが見たいページにたど
り着くのが困難になります。同じ系統の情報ごとにカテゴリページを
作りカテゴリ分けをすることによりユーザーが見たいページにたどり
着きやすくなります。

正解　D："<"と">"

　　HTMLでは、"<"と">"で囲まれた「タグ」と呼ばれる特別な文字列
を使うことで、文書の構造（見出しや段落）を指定したり、画像を表示
したり、リンクを設定したりできます。

第13問

Q 次の文字列は何の文字列か? 適切な語句をABCDの中から1つ選びなさい。

1回目

2回目

3回目

@charset "utf-8"; @charset "utf-8"; @import url(setting.css); @import url(sidebar.css); @import url(module.css); body { color: #333333; /*font-family: "MS Pゴシック", Osaka, sans-serif;*/ font-family:'ヒラギノ角ゴ Pro W3','Hiragino Kaku Gothic Pro','MS Pゴシック',sans-serif; font-size: 14px; line-height: 160%; background-color:#ffffff; margin:0; padding:0; word-wrap:break-word; }

A：JavaScript

B：Perl Script

C：HTML

D：CSS

第14問

Q 次の文中の空欄 [　] に入る最も適切な語句をABCDの中から1つ選びなさい。

1回目

2回目

3回目

[　] とは、非同期通信を利用してデータを取得したり、動的にWebページの内容を書き換える技術のこと。これを取り入れるとバックグラウンドでサーバと非同期通信することができページを切り替えることなくWebページ上で動作を実現できる。

A：Alpha

B：Aref

C：Ajax

D：ASP

正解　D：CSS

　WWWの発展に伴ってより見栄えを良くするためにデザイン性の高いWebページが求められるようになりました。見栄えを記述する専用の言語としてCSS(Cascading Style Sheet:通称、スタイルシート)が考案され、構造の記述をHTMLの見栄えを良くするための記述をCSSに分けて記述するようになっています。CSSの普及によりWebページは従来の単純なレイアウト、デザインから、より印刷物など高いデザイン性のある媒体に近づくようになり洗練されたものになってきました。

【CSSの例】
@charset "utf-8"; @charset "utf-8"; @import url(setting.css); @import
url(sidebar.css); @import url(module.css); body { color:
#333333; /*fontfamily:
"MS Pゴシック", Osaka, sans-serif;*/ font-family:' ヒラギノ角ゴ
ProW3',

正解　C：Ajax

　Ajax(エイジャックス)とは、Asynchronous JavaScript + XMLの略で、非同期通信を利用してデータを取得したり、動的にWebページの内容を書き換える技術のことです。アジャックスと発音することもあります。
　Ajaxを取り入れるとバックグラウンドでサーバと非同期通信することができ、ページを切り替えることなくWebページ上で動作を実現できます。それによりユーザーはストレスを感じることなく、快適に操作できることが特徴です。

第15問

Q 次の文中の空欄 [ ] に入る最も適切な語句をABCDの中から1つ選びなさい。

1回目

2回目

3回目

動的ページとは「search.php?q=pentagon」などのように、パスとともにクエリと呼ばれる [ ] が要求データとして送信され、これを受信したWebサーバは、スクリプトと呼ばれるプログラムに渡された [ ] を指定して実行することで結果を生成し、それを応答のデータとしてブラウザに送信する方式のWebページのことをいう。

A：スクリプト
B：パラメータ
C：データ
D：プログラム

第16問

Q 次の文中の空欄 [ ] に入る最も適切な語句をABCDの中から1つ選びなさい。

1回目

2回目

3回目

CMSはブログを更新する感覚でブラウザ上の管理画面上で文章を書き、画像を張り付けWebページを作ることができる。CMSは [ ] の知識がない担当者でもWebサイトのコンテンツを増やすことができることから急速に普及した。

A：Web制作
B：ネット接続
C：SEO
D：アクセス解析

正解　B：パラメータ

　PHPや、PerlなどのCGIを実行して生成されるWebページのことを動的ページと呼びます。

　動的ページは、「search.php?q=pentagon」などのように、パスとともにクエリと呼ばれるパラメータが要求データとして送信され、これを受信したWebサーバは、スクリプトと呼ばれるプログラムに渡されたパラメータを指定して実行することで結果を生成し、それを応答のデータとしてブラウザに送信する方式のWebページのことです。

【動的ページのURL例】
http://www.aaaaa.co.jp/index.php
http://www.aaaaa.co.jp/cart.cgi=?id=1

正解　A：Web制作

　データベースを使ってWebページを生成するプログラムのことを、CMS（Content Management System:コンテンツ・マネージメント・システム）と呼びます。

　ブログを更新する感覚でブラウザ上の管理画面上で文章を書き、画像を張り付けWebページを作ることができます。CMSはWeb制作の知識がない担当者でもWebサイトのコンテンツを増やすことができることから急速に普及をしました。

　代表的なCMSとしてはWordPressやMovable Type（MT）などがあり国内でも多くの企業や個人が利用しています。

第17問

Q 次の文中の空欄 [ ] に入る最も適切な語句をABCDの中から1つ選びなさい。

1回目

[ ] 検索エンジンは人間がWebサイトの名前、紹介文、URLをデータベースに記述してカテゴリ別に整理した検索エンジンのことをいう。情報を収集するのもその内容を編集するのも編集者によるものである。

2回目

3回目

A：編集型

B：自立型

C：ロボット型

D：ディレクトリ型

第18問

Q 次の文中の空欄 [ ] に入る最も適切な語句をABCDの中から1つ選びなさい。

1回目

かつてWebサイト運営者はトップページのデザインやそこにどのようなコンテンツを掲載するかに最も大きな注意と関心を払っていた。しかし、[ ] 検索エンジンが主流になった今日、この考え方は古い考えになった。その理由は [ ] 検索エンジンはWebサイト単位だけでなくWebページ単位で登録をし、その検索結果画面にはトップページよりも、たくさんのサブページ、カテゴリページが表示されるようになったからである。

2回目

3回目

A：編集型

B：自立型

C：ロボット型

D：ディレクトリ型

正解　D：ディレクトリ型

　　ディレクトリ型検索エンジンは人間がWebサイトの名前、紹介文、URLをデータベースに記述してカテゴリ別に整理した検索エンジンです。

　　情報を収集するのもその内容を編集するのも編集者という人間の手によるものでした。

　　検索の方法は2つあります。1つはカテゴリ検索という方法で、ユーザーがカテゴリ名をクリックすると自分の探しているWebサイトを見つけることができます。

　　2つ目の方法はキーワード検索という方法で、キーワード入力欄に心当たりのあるキーワードを入力すると、あらかじめ検索対象として設定されているサイト名、紹介文などにそのキーワードが適合すると検索結果に表示されるものです。

正解　C：ロボット型

　　ディレクトリ型検索エンジンに登録されるURLは通常、WebサイトのトップページのURLです。そのため、後に検索エンジン市場の主流を占めるGoogleなどのロボット型検索エンジンが登場するまではWebサイトのトップページは検索エンジンからの入り口でした。そのため、Webサイト運営者はトップページのデザインやそこにどのようなコンテンツを掲載するかに最も大きな注意と関心を払っていました。

第19問

Q 次の文中の空欄[ ]に入る最も適切な語句をABCDの中から1つ選びなさい。

1回目

検索エンジンからWebサイトを訪問するユーザーが最初に目にするWebページのことを[ ]ページと呼ぶ。

2回目

A：トップ

3回目

B：ランディング

C：カテゴリ

D：サブ

正解　B：ランディング

　　検索エンジンからWebサイトを訪問するユーザーが最初に目にするWebページのことをランディングページと呼ぶようになりました。
　　ランディングページ(Landing Page)というのは直訳すると「着地ページ」という意味であり、次の2つの意味があります。
・検索エンジンからの着地ページ
・他のサイトからの着地ページ

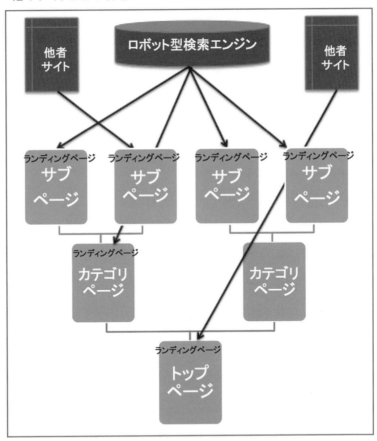

第 2 章

Googleの特徴

第20問

Q 次の文中の空欄 [ ] に入る最も適切な語句をABCDの中から1つ選び
なさい。

1回目

Googleはページランク技術の活用により [ ] の高いWebページがGoogle
の検索結果の上位に表示されるようになった。

2回目

A：公共性

3回目

B：人気度

C：キーワード出現頻度

D：キーワード密度

第21問

Q 次の文中の空欄 [ ] に入る最も適切な語句をABCDの中から1つ選び
なさい。

1回目

[ ] がリンクをたどって収集したデータはいったんレポジトリという場所に
置かれ、そこからインデックスデータベース内で情報が検索しやすいように

2回目

分類される。

3回目

A：スキャナー

B：エクスプローラー

C：エディター

D：クローラー

正解 | B：人気度

　ページランク技術の活用により人気度の高いWebページが
Googleの検索結果の上位に表示されるようになりました。

　反対にそれまでページ内にキーワードを詰め込むだけでユーザー
にとって有益な情報を掲載していなかったスパムを施した不正なWeb
ページはGoogleの検索結果上位には表示されなくなりGoogleの検
索結果の品質は当時の他のどのロボット検索エンジンよりも高くなり
ました。

　そのことによりGoogleはネットユーザーの圧倒的な支持を獲得す
るようになり世界No.1のロボット検索エンジンの座を不動のものにす
ることになり今日でもその地位を維持しています。

正解 | D：クローラー

　Googleはインターネット上に存在するWebページの情報をクロー
ラーロボットによって収集します。

　WebページとWebページの間に張られたリンクをたどることによっ
てWebサイトを自動的に検出してスキャンします。

　クローラーがリンクをたどって収集したデータはいったんレポジトリ
という場所に置かれ、そこからインデックスデータベース内で情報が
検索しやすいように分類されます。

　「インデックス」とは「索引」のことで、人が「インデックスする」という
ときは「索引を作る」という意味ですが、検索ユーザーが後に検索しや
すいようにデータベースにWebページの情報を分類することをいい
ます。

第22問

Q 次の文中の空欄 [ ] に入る最も適切な語句をABCDの中から1つ選びなさい。

1回目

[ ] とは、ある目的を達成するためのプログラムの処理手順をいう。SEOにおいては、検索エンジンロジックなどといわれ、検索順位の算定方法を意味する。

2回目

3回目

A：アルゴリズム
B：インデックス
C：クロール
D：スクリプト

第23問

Q 次の文中の空欄 [ ] に入る最も適切な語句をABCDの中から1つ選びなさい。

1回目

[ ] アップデートの実施後は他のサイトから文章をコピーしただけの独自性の低いコンテンツが多いWebページやそうしたWebページを擁するWebサイトの検索順位が下げられるようになった。

2回目

3回目

A：ペンギン
B：ピジョン
C：ヴェニス
D：パンダ

正解　A：アルゴリズム

　　インデックスデータベースにインデックスされた情報はGoogleが
設計した200以上のアルゴリズムによって解析され検索キーワードご
とにWebページのランク付けがされ、それが実際の検索順位に反映
されるようになります。
　　アルゴリズムとは、ある目的を達成する為のプログラムの処理手順
をいいます。SEOにおいては、検索エンジンロジックなどといわれ、
検索順位の算定方法を意味します。

正解　D：パンダ

　　パンダアップデートというのはコンテンツの品質に関する評価を厳
しくするためのアップデートです。
　　パンダアップデートの実施後は次の2つの変化が生じるようになりま
した。
①他のサイトから文章をコピーしただけの独自性の低いコンテンツが
　多いWebページやそうしたWebページを擁するWebサイトの検索
　順位が下げられる
②同じドメインのサイト内にある他のWebページにあるコンテンツの
　一部あるいは全部をコピーしているだけの独自性の低いWebペー
　ジの検索順位が下げられる

　　これにより安易に他のドメインのWebサイトから情報をコピーした
り、自社サイト内にある文章を安易に他のWebページで使い回すこと
が上位表示にマイナスになるという認識が広がり、コンテンツの品質
に対して注意を払うことが重要な課題になりました。

第24問

Q 次の文中の空欄 [ ] に入る最も適切な語句をABCDの中から1つ選び
なさい。

1回目

[ ] アップデートというのは一言でいうとWebサイトの過剰最適化に対し
てペナルティを与えるアップデートである。

2回目

3回目

A：ピジョン
B：ペンギン
C：ヴェニス
D：パンダ

第25問

Q 次の文中の空欄 [ ] に入る最も適切な語句をABCDの中から1つ選び
なさい。

1回目

自動によるペナルティの基準では見分けがつかない不正リンクはGoogleが
組織する [ ] が肉眼で不審なページをチェックして不正かどうかを判断

2回目

するというマンパワーを活用している。

3回目

A：リスティングチーム
B：マーケティングチーム
C：技術チーム
D：サーチクオリティチーム

正解　B：ペンギン

　2つ目の大きなアップデートがペンギンアップデートと呼ばれるアップデートです。

　ペンギンアップデートというのは一言でいうとWebサイトの過剰最適化に対してペナルティを与えるアップデートです。

　過剰最適化には、次の2つの側面があります。

①上位表示を目指すキーワードをページ内に過剰に詰め込むこと

②外部ドメインからのリンクを大量に増やすこと

正解　D：サーチクオリティチーム

　自動によるペナルティの基準では見分けがつかない不正リンクはGoogleが組織する「サーチクオリティチーム」が肉眼で不審なページをチェックして不正かどうかを判断するというマンパワーを活用しています。

　サーチクオリティチームはGoogle General Guidelinesという品質ガイドラインに基づいてそうしたアルゴリズムだけでは判定できない不正行為を審査します。また、スパムレポートフォームという検索ユーザーが不審に思うサイトを通報するツールから寄せられる大量の苦情からも不審なリンクを見つけるための情報収集をしています。

【Google General Guidelines】
https://static.googleusercontent.com/media/guidelines.
　　raterhub.com/ja//searchqualityevaluatorguidelines.pdf

【ウェブマスター向けガイドライン（品質に関するガイドライン）】
https://support.google.com/webmasters/answer/35769

第26問

Q 次の文中の空欄 [　] に入る最も適切な語句をABCDの中から1つ選びなさい。

1回目

今日では自社サイトやクライアントのサイトに対して [　] を集めることは極めて危険なことであり、避けなくてはならない。

2回目

A：不正リンク

3回目

B：被リンク

C：発リンク

D：相互リンク

第27問

Q 次の文中の空欄 [　] に入る最も適切な語句をABCDの中から1つ選びなさい。

1回目

日本国内において、2010年まで独自の検索エンジンYST（Yahoo! Search Technology）を使用していたYahoo! JAPANはYSTの使用をやめて、

2回目

[　] をその公式な検索エンジンとして採用した。

3回目

A：Google

B：Microsoft Bing

C：MSN

D：Spotlight

正解　A：不正リンク

　Googleはペンギンアップデートの実施以前はほとんど野放しだった不正リンクに対して断固たる処置を取るようになりました。そのため今日では自社サイトやクライアントのサイトに対して不正リンクを集めることは極めて危険なことであり、避けなくてはなりません。

　被リンクとは他のWebページからリンクを張ってもらうこと、発リンクとは他のWebページにリンクを張ること、相互リンクとは2つのWebページがお互いにリンクを張り合うことを意味します。

正解　A：Google

　日本国内においては、2010年まで独自の検索エンジンYST（Yahoo!Search Technology）を使用していたYahoo! JAPANはYSTの使用を止めて、Googleをその公式な検索エンジンとして採用しました。

　それは、Googleの絶え間ない検索結果品質向上の努力が認められたからに他なりません。今日では日本国内の検索市場の90%近くのシェアをGoogleは獲得することになり、検索エンジンの代名詞とも言える知名度を獲得しました。

　このことにより日本国内ではGoogleに対するSEOを実施することは、同時にYahoo! JAPANのSEOも実施することになります。

　Microsoft Bingはマイクロソフトが運営する検索エンジンで、MSN（The Microsoft Network:マイクロソフトネットワーク）はマイクロソフトが運営するポータルサイトサービスです。SpotlightはAppleが販売するMacやiPhone、iPadなどでデバイス上にあるファイルやアプリ、登録している連絡先やカレンダーの内容、インターネット上のWebサイトなど、さまざまな情報を検索できる検索機能のことです。

第28問

Q 　コアアップデート実施後に重要となったものとして最も適切なのはどれか?
ABCDの中から1つ選びなさい。。

1回目

A：クエリとの関連性とWebページ・Webサイトの信頼性

2回目

B：被リンク元の信頼性とWebページ・Webサイトの情報量

C：クエリとの関連性とWebページ・Webサイトの人気度

3回目

D：被リンク元の信頼性とWebページ・Webサイトの独自性

第29問

Q 　次の文中の空欄［　］に入る最も適切な語句をABCDの中から1つ選び
なさい。

1回目

多様化する検索ニーズに対応するため、従来のWebページだけでなく画
像、動画、地図、ニュース、ショッピング情報、アプリ、書籍など、多様な形
態のコンテンツを検索可能にするものを［　］と呼ぶ。

2回目

3回目

A：ユニバーサルサーチ

B：バーティカルサーチ

C：ホーリゾンタルサーチ

D：ワールドサーチ

正解 A：クエリとの関連性とWebページ・Webサイトの信頼性

　コアアップデート実施後には主に2つの変化が起きました。1つはクエリ(ユーザーが検索したキーワード)と関連性の高いページの検索順位が上がり、関連性の低いページは下げられるようになったことです。

　2つ目の変化は信頼性の高いページの検索順位が上がり、信頼性の低いページの順位が下げられるようになったことです。この背景には、誤った情報が掲載されているページの検索順位を下げることによりGoogleが検索ユーザーを保護しようという意図があります。

　Googleが発表した「Googleのコアアップデートについてサイト所有者が知っておくべきこと」(https://developers.google.com/search/blog/2019/08/core-updates?hl=ja)などによるとページの信頼性を評価する際にGoogleはさまざまな点をチェックしていますが、主なものとしては次のような点があることがわかってきました。
①ページ内に書かれているコンテンツの著者がそのコンテンツを書くに値する経験や資格を持っているか?
②ページ内に書かれている事柄が事実か?
③ページが属するサイトの運営者が信頼できるか?

正解 A：ユニバーサルサーチ

　Webページの検索エンジンとしてスタートしたGoogleは2007年以降、検索対象範囲を次々に拡大するようになりました。

　これは多様化する検索ニーズに対応するためのもので、従来のWebページだけでなく画像、動画、地図、ニュース、ショッピング情報、アプリ、書籍など、多様な形態のコンテンツを検索可能にするものでユニバーサルサーチと呼ばれるものです。

第30問

Q 次の文中の空欄 [ ] に入る最も適切な語句をABCDの中から1つ選びなさい。

1回目

大きな変化が2015年から始まった。それは急速に拡大するモバイル検索のニーズに対応するためであり、モバイル版Googleの検索結果にはスマート

2回目

フォン対応していないWebサイトは順位を落とすという [ ] の実施である。

3回目

A：モバイルファーストインデックス
B：モバイルフレンドリーアップデート
C：モバイルデバイスアップデート
D：モバイルサイトアップデート

第31問

Q 次の文中の空欄 [ ] に入る最も適切な語句をABCDの中から1つ選びなさい。

1回目

2015年後半には検索対象をスマートフォンユーザーが利用する [ ] にまで広げるようになり新しい検索の分野が生まれた。

2回目

A：動画

3回目

B：ソーシャルメディア
C：スマートフォンアプリ
D：検索エンジン

正解　B：モバイルフレンドリーアップデート

　大きな変化が2015年から始まりました。それは急速に拡大するモバイル検索のニーズに対応するためであり、モバイル版Googleの検索結果にはスマートフォン対応していないWebサイトは順位を落とすという「モバイルフレンドリーアップデート」の実施です。

　このアップデートが実施された2015年4月以降、実際にスマートフォン対応していないサイトのモバイル版Googleでの検索順位が落とされ、反対に対応しているサイトの順位が上がるということが起きました。

　そのとき以来、スマートフォン対応しているかどうかによる格差がモバイル版Googleで見られるようになりました。

　これによりWebサイトのすべてのページをスマートフォン対応することが急務となりました。

正解　C：スマートフォンアプリ

　2015年後半には検索対象をスマートフォンユーザーが利用するスマートフォンアプリにまで広げるようになりアプリのSEOという新しい分野も生まれました。

　そして遂にGoogleは2018年からモバイルファーストインデックスの導入を発表し、PCサイトではなく、モバイルサイトの中身を見てモバイル版GoogleとPC版Googleの検索順位を決めるという大きな方針転換をすることにしました。

第 3 章

SEOの意義と情報源

第32問

Q 次の文中の空欄 ［　］に入る最も適切な語句をABCDの中から1つ選び
なさい。

1回目

［　］をインターネット上で無償提供することにより見込み客を集客するとい
うマーケティング手法は ［　］マーケティングと呼ばれ、今日多くの企業が

2回目

実践するようになった。

3回目

A：Web
B：ソフトウェア
C：デジタル情報
D：コンテンツ

第33問

Q 次の文中の空欄 ［　］に入る最も適切な語句をABCDの中から1つ選び
なさい。

1回目

　需要のあるコンテンツを提供してそれに対してSEOを行うことは企業の
知名度を高めるための ［　］活動に直結し、資本の少ない中小企業でも

2回目

インターネットを活用した集客活動が可能になる。

3回目

A：ターゲティング
B：PR
C：企業
D：マーケティング

正解 D：コンテンツ

　　コンテンツをインターネット上で無償提供することにより見込み客を集客することができるという認識が広がるようになりました。
　　この「コンテンツをインターネット上で無償提供することにより見込み客を集客する」というマーケティング手法は「コンテンツマーケティング」と呼ばれ、今日、多くの企業が実践するようになりました。

正解 B：PR

　　PRとはPublic Relationsの略で、企業体や官庁が事業内容などの公共的価値を大衆や関係方面によく知ってもらい、その信頼・協力を強めようとする広報活動のことをいいます。
　　需要のあるコンテンツを提供してそれに対してSEOを行うことは企業の知名度を高めるためのPR活動に直結し資本の少ない中小企業でもインターネットを活用した集客活動が可能になります。
　　ターゲティングとは的を絞ることで、ビジネスにおいては自社の商品・サービスを販売する対象者を絞り込むことをいいます。マーケティングとは企業などの組織が行うあらゆる活動のうち、「顧客が真に求める商品やサービスを作り、その情報を届け、顧客がその価値を効果的に得られるようにする」ための概念です。また、顧客のニーズを解明し、顧客価値を生み出すための経営哲学、戦略、仕組み、プロセスを指します。

第34問

Q 次の文中の空欄 [ ] に入る最も適切な語句をABCDの中から1つ選びなさい。

1回目

2回目

3回目

SEOの意義の2つ目は自社の知名度を上げて [ ] を可能にすることである。検索ユーザーが求めるコンテンツを予測して自社サイトに掲載しSEOを実施する。このサイクルを繰り返すことにより自社サイトのコンテンツが何度も検索ユーザーの目に触れるようになる。

A：コンテンツマーケティング

B：ターゲティング

C：ランディング

D：ブランディング

正解　D：ブランディング

　ブランディングとは、ブランドに対する共感や信頼などを通じて顧客にとっての価値を高めていく、企業と組織のマーケティング戦略のことです。　ターゲット市場におけるブランドの現状認識の分析から始まり、ブランドがどのように認識されるべきか計画し、計画どおりに認識されるようにすることがブランディングの目的です。ブランド（銘柄）とは、1つの商品・サービスを、他の同カテゴリーの商品・サービスと区別するためのあらゆる概念のことです。

　SEOの意義の2つ目は自社の知名度を上げてブランディングを可能にすることです。

　検索ユーザーが求めるコンテンツを予測して自社サイトに掲載しSEOを実施します。このサイクルを繰り返すことにより自社サイトのコンテンツが何度も検索ユーザーの目に触れるようになります。

　そのときにコンテンツ提供者の社名、店名、サイト名などのブランド名も同時に検索ユーザーの目に触れることになり、その企業のブランド名の認知度が増しブランディングが実現します。

　検索ユーザーが求めるコンテンツの提供者として自社ブランド名が浸透することは検索ユーザーの一部がやがて購入を検討するときに自社ブランドに対して信頼感を抱いてくれることになりその後の成約率アップに貢献することになります。

第35問

Q 次の文中の［1］と［2］に入る最も適切な組み合わせをABCDの中から1つ選びなさい。

1回目

2回目

3回目

企業が現実的にどのようにSEOを実施するのかというと2つの選択肢がある。1つはSEO業務の全てを外部のSEO会社に外注するという［1］SEOであり、2つ目の選択肢は自社内にSEO技術を有するスタッフを抱え自社内でSEO業務を実施する［2］SEOである。

A：［1］アウトバウンド 　［2］インバウンド
B：［1］インバウンド 　　［2］アウトバウンド
C：［1］アウトソーシング 　［2］インハウス
D：［1］インハウス 　　　［2］アウトソーシング

第36問

Q アウトソーシングSEOのメリットではないものをABCDの中から1つ選びなさい。

1回目

2回目

3回目

A：社外の専門スタッフが最新の技術を用いてSEOを実施してくれる
B：SEO会社と契約することにより即時にSEOを実施できる
C：企業秘密を外部に漏らすリスクがない
D：社内スタッフを養成する教育費用がかからない

正解　C：[1] アウトソーシング　[2] インハウス

　企業が現実的にどのようにSEOを実施するのかというと2つの選択肢があります。

　1つはSEO業務のすべてを外部のSEO会社に外注するというアウトソーシングSEOであり、2つ目の選択肢は自社内にSEO技術を有するスタッフを抱え自社内でSEO業務を実施するインハウスSEOです。

正解　C：企業秘密を外部に漏らすリスクがない

　アウトソーシングSEOには次のようなメリットがあります。
・SEO会社と契約することにより即時にSEOを実施できる
・社内スタッフを養成する教育費用がかからない
・社外の専門スタッフが最新の技術を用いてSEOを実施してくれる

　逆に次のようなデメリットもあります。
・自社にSEOの技術が蓄積されない
・成果報酬の場合は成果が出れば出るほど費用が増大する
・インターネット集客活動を外部の企業に依存することになる
・企業秘密が外部に漏洩するリスクがある

第37問

Q 次の文中の空欄 [　] に入る最も適切な語句をABCDの中から1つ選び
なさい。

1回目

SEOが生まれたばかりの1990年代後半に比べて年々 [　] の比率は増
えてきており日本国内でも数年遅れでこの傾向に近づくようになっている。

2回目

3回目

A：インハウスSEO
B：アウトソーシングSEO
C：コンテンツSEO
D：リンクSEO

第38問

Q Googleの公式な情報ではないものをABCDの中から1つ選びなさい。

1回目

A：ウェブマスター向けガイドライン
B：SEOツール

2回目

C：Google検索セントラルブログ
D：検索品質評価ガイドライン

3回目

正解 A：インハウスSEO

　米国の調査会社MarketingSherpaの調査によると米国では調査対象の64%がインハウスSEOを社内で実施しており、8%がSEO会社への外注あるいはSEOコンサルタントと契約をしています。そして残り27%がアウトソーシングSEOとインハウスSEOの両方を実施している状況です。

　SEOが生まれたばかりの1990年代後半に比べて年々インハウスSEOの比率は増えてきており日本国内でも数年遅れでこの傾向に近づくようになっています。

正解 B：SEOツール

　Googleの公式な情報を知ることができる情報源には、次の6つがあります。
①Google検索セントラルブログ(旧:Googleウェブマスター向け公式ブログ)
②ウェブマスター向けガイドライン
③検索品質評価ガイドライン(General Guidelines)
④Googleウェブマスター
⑤サーチコンソール
⑥Googleサーチクオリティチームや広報担当者のソーシャルメディア

　SEOツールとはSEO対策の参考になるデータや情報が得られるツールのことで、被リンク元調査、キーワード調査、ページ内部分析、検索順位チェックなど、さまざまな種類があります。その多くはGoogle公式のものではなく、一般企業や個人が提供するものです。

第39問

Q　ABCDの中からGoogleの特許情報について正しいものを1つ選びなさい。

| 1回目 |

A：検索の特許情報は誰でも見ることができる

B：検索の特許情報は契約している企業だけが見ることができる

| 2回目 |

C：検索の特許情報はGoogleの幹部社員だけが見ることができる

| 3回目 |

D：検索の特許情報は企業秘密でありGoogleの社員だけが見ること

　　ができる

正解　A：検索の特許情報は誰でも見ることができる

　Googleは検索アルゴリズムの新しい仕組みを考案し、その技術を特許登録して情報を公開しています。この特許情報を解読することによりGoogleが何を言っているのかではなく、何をしているのかの裏付けを知ることができます。

　Googleの英文の特許情報はUnited States Patent and Trademark Officeの特許検索サイトで誰でも閲覧することができます。

　http://patft.uspto.gov/netahtml/PTO/index.html

第 4 章

企画・人気要素

第40問

Q 次の文中の空欄 [　] に入る最も適切な組み合わせをABCDの中から1つ選びなさい。

1回目

Googleが持っているといわれる200以上のアルゴリズムは大きく分類すると [　] の3つがある。

2回目

3回目

A：技術要素、内部要素、外部要素

B：外部要素、内部要素、細部要素

C：技術要素、企業要素、外部要素

D：企画・人気要素、内部要素、外部要素

第41問

Q 次の文中の空欄 [　] に入る最も適切な語句をABCDの中から1つ選びなさい。

1回目

SEOの最終目標は、自社サイトの [　] を増やして人気サイトに育て上げることである。

2回目

3回目

A：被リンク

B：トラフィック量

C：ページ数

D：文字数

正解 D：企画・人気要素、内部要素、外部要素

　Googleが持っているといわれる200以上のアルゴリズムは大きく分類すると次の3つになります。
①企画・人気要素
②内部要素
③外部要素

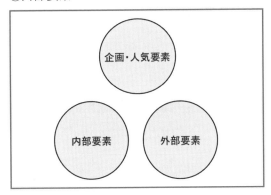

正解 B：トラフィック量

　企画・人気要素はWebサイトがどのくらいのユーザーに実際に閲覧されているかサイトのトラフィック量（アクセス数）をGoogleが直接的、間接的に測定しており、人気の高いWebサイトの検索順位が上がるというメカニズムです。

　SEOの最終目標は、自社サイトのトラフィック量を増やして人気サイトに育て上げることです。

　人気サイトを作るためには企画力を養う必要があります。良い企画が人気サイトを作る原動力になるためSEOの成功にはWebの技術だけではなく、ユーザーが求める情報を予測して提供する企画力が求められます。

第42問

 Q 次の文中の空欄 [ ] に入る最も適切なものをABCDの中から1つ選びなさい。

内部要素には2つの側面があり、それらは [ ] である。

A：コンテンツ要因とページ要因

B：ページ要因とHTML要因

C：技術要因とリンク要因

D：技術要因とコンテンツ要因

第43問

 Q 次の文中の空欄 [ ] に入る最も適切な語句をABCDの中から1つ選びなさい。

[ ] の1つ目の重要ポイントは検索ユーザーがどのようなキーワードで検索しているかを知ることである。

A：外部要素

B：内部要素

C：企画・人気要素

D：技術要素

正解 D：技術要因とコンテンツ要因

　内部要素には技術要因とコンテンツ要因の2つの側面があります。

　技術的な要因というのはタグの使い方、タグの中にどのようにキーワードを書くか、そしてWebページの中に何回、何%キーワードを書くかなどがあります。

　コンテンツ要因というはコンテンツの量と質、特にコンテンツの独自性があるかどうかという情報の品質面の要因です。

正解 C：企画・人気要素

　企画・人気要素の1つ目の重要ポイントは検索ユーザーがどのようなキーワードで検索しているかを知ることです。それを知ることは人気キーワードを知ることであり、それはそのまま人気サイトを作るためのコンテンツ企画の手がかりになるからです。

第44問

Q 次の文中の空欄 [   ] に入る最も適切な語句をABCDの中から1つ選び
なさい。

1回目

外部要素には、次の3つがある。

① [   ]

2回目

②ソーシャルメディアからの流入

③サイテーション

3回目

A：リンク元の種類

B：リンク元の数

C：リンク元の質

D：リンク元の数と質

| 正解 | D：リンク元の数と質 |

外部要素には、次の3つがあります。
①リンク元の数と質
②ソーシャルメディアからの流入
③サイテーション

　Googleなどの検索エンジンで上位表示するにはリンク元（被リンク元とも呼ばれる）の数だけでなく、質が高いサイトからリンクを張ってもらう必要があります。

　ソーシャルメディアとは、インターネット上で展開される情報メディアのあり方で、個人による情報発信や個人間のコミュニケーション、人の結び付きを利用した情報流通などといった社会的な要素を含んだメディアのことです。SNSとはソーシャルメディアの一部であり「ソーシャルネットワーキングサービス」の頭文字です。SNSは人と人との社会的なつながりを維持・促進するさまざまな機能を提供する、会員制のオンラインサービスのことです。

　サイテーション（Citation）とは、学術論文の言及のことを意味します。サイテーション数の多さでその論文の学術的な価値が測られることからサイテーションが多いサイトは信頼性が高いと判断されます。従来のGoogleはサイトの人気度の指標として被リンク元の数と質を主な情報源にしてきましたが、現在では他人のサイトからリンクをされていなくても、ただ言及されているだけで一定の評価をするようになってきています。

第45問

Q 次の文中の空欄 [　] に入る最も適切な語句をABCDの中から1つ選びなさい。

1回目

検索ユーザーがどのようなキーワードを検索しているかを知る方法はいくつかありますが最もポピュラーな方法が [　] の活用である。

2回目

3回目

A：Googleキーワードソフト
B：Googleキーワードプランナー
C：Googleキーワードツール
D：Googleサーチコンソール

第46問

Q 次の文中の空欄 [　] に入る最も適切な語句をABCDの中から1つ選びなさい。

1回目

[　] は、「アマゾン」や「ヤフオク」などの企業名やそのブランド名での検索のことである。クイーンズランド技術大学(QUT)などの調査によると全検索ユーザーの1割を占めている。 [　] は、そこで購入しようとする購買意欲の高いユーザーが検索するキーワードであり、成約率が最も高く経済価値が最も高いものである。

2回目

3回目

A：情報検索
B：指名検索
C：購入検索
D：購買検索

正解　B：Googleキーワードプランナー

　検索ユーザーがどのようなキーワードを検索しているかを知る方法
はいくつかありますが、最もポピュラーな方法がGoogleキーワード
プランナーの活用です。

　Googleキーワードソフト、Googleキーワードツールは造語のた
め使われていない言葉です。Googleサーチコンソールは一般に
サーチコンソールと呼ばれるツールでGoogleが自サイトをどのよう
に評価しているのかとGoogleからの連絡事項を見ることができる
ツールです。

正解　B：指名検索

　キーワード調査ツールを使い、検索ユーザーが検索するキーワード
を調べていくと、検索キーワードにはいくつかの種類があることがわ
かるようになります。

　それらを分類するための1つの方法が次の3つのグループに分ける
分類法です。
①指名検索(Navigational Queries)
②購入検索(Transactional Queries)
③情報検索(Informational Queries)

　指名検索(Navigational Queries)は「アマゾン」や「ヤフオク」など
の企業名やそのブランド名での検索のことです。クイーンズランド技
術大学(QUT)などの調査によると全検索の1割を占めています。指名
検索は、そこで購入しようとする購買意欲の高いユーザーが検索する
キーワードであり、成約率が最も高く経済価値が最も高いものです。

第47問

Q 次の文中の空欄 [ ] に入る最も適切な語句をABCDの中から1つ選び
なさい。

1回目

購入検索というのはモノやサービスを購入するときに検索するキーワード
で例としては「ノートパソコン　通販」、「相続　弁護士　大阪」などのキー

2回目

ワードがあり、[ ] に次いで2番目に成約率が高く経済価値が高いキー
ワードである。

3回目

A：情報検索
B：指名検索
C：一般検索
D：名称検索

第48問

Q Googleで検索されるキーワードの8割近くを占める検索キーワードのタイプ
をABCDの中から1つ選びなさい。

1回目

A：情報検索

2回目

B：購入検索
C：指名検索

3回目

D：名称検索

正解　B：指名検索

　購入検索(Transactional Queries)というのはモノやサービスを購入するときに検索するキーワードで、例としては「ノートパソコン通販」、「相続　弁護士　大阪」などのキーワードがあり、指名検索(Navigational Queries)に次いで2番目に成約率が高く経済価値が高いキーワードです。そしてこの種類の検索キーワードは全検索のうち約1割を占めます。

　成約率が高いため、多くの企業がこの購入検索(Transactional Queries)というキーワードでの上位表示を狙っています。

正解　A：情報検索

　情報検索(Informational Queries)のキーワードは、全検索数の8割もあります。

　ユーザーが抱えている疑問を解消するための検索で通常、企業にとってはお金にならないユーザーが検索するキーワードだと思われることで見過ごされがちなのがこの情報検索のキーワードです。

　「遺言書の書き方」「腰痛の原因」のような素朴な疑問を解消するために検索ユーザーが検索するのが情報検索のキーワードです。

　直接的にすぐに売上につながらないキーワードですが、サイトのアクセス数を増やし、Googleによるサイト全体の評価を高めるためには欠かすことのできないキーワードです。

　SEO成功に不可欠なのがこの情報検索のキーワードでの上位表示です。

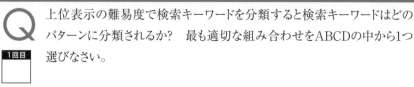

第49問

Q 上位表示の難易度で検索キーワードを分類すると検索キーワードはどの
パターンに分類されるか？　最も適切な組み合わせをABCDの中から1つ
選びなさい。

1回目

2回目

A：情報検索キーワード、購入検索キーワード、指定検索キーワード
B：ビッグキーワード、ミッドキーワード、スモールキーワード

3回目

C：情報検索キーワード、購入検索キーワード、指名検索キーワード
D：ビッグキーワード、ミドルキーワード、スモールキーワード

第50問

Q 次の文中の空欄［　］に入る最も適切な語句をABCDの中から1つ選び
なさい。

1回目

［　］には「インプラント」「インプラント　大阪」「印鑑」「印鑑　通販」「相
続」「相続相談」などの比較的短めの単語、または連語で、単一のシング
ルキーワードのものも、複数のキーワードを組み合わせた複合キーワードの
ものがある。

2回目

3回目

A：ビッグキーワード
B：ミドルキーワード
C：ストップキーワード
D：スモールキーワード

正解　D：ビッグキーワード、ミドルキーワード、スモールキーワード

　検索キーワードのもう1つの分類方法が上位表示の難易度で分類する方法です。次の3つに分類します。
①ビッグキーワード
②ミドルキーワード
③スモールキーワード

　これら3つはそれぞれ、ビッグワード、ミドルワード、スモールワードとも呼ばれています。

正解　A：ビッグキーワード

　ビッグキーワードは検索回数も検索結果件数も多い競争率が高く上位表示が困難なキーワードです。
　ビッグキーワードには「インプラント」「インプラント　大阪」「印鑑」「印鑑　通販」「相続」「相続相談」などの比較的短めの単語、または連語で、単一のシングルキーワードのものも、複数のキーワードを組み合わせた複合キーワードのものもあります。

第51問

Q 次のキーワードのどれが最も上位表示の難易度が高いか？　ABCDの中から1つ選びなさい。

A：矯正歯科　大阪

B：矯正歯科　医療費控除

C：矯正歯科　あきる野市

D：矯正歯科

第52問

Q 次の文中の空欄 ［　］に入る最も適切な語句をABCDの中から1つ選びなさい。

［　］という概念はクリス・アンダーソン氏が提唱した経済理論で、Webを活用したビジネスにおいては実店舗とは異なり在庫経費が少なくて済むため、人気商品ばかりを取り扱わなくてもニッチ商品の多品種少量販売で大きな売り上げ、利益を得ることができるというものである。

A：ニッチビジネス

B：ロングテール

C：オンリーワン

D：フリー

正解　D：矯正歯科

　ビッグキーワードには「インプラント」「インプラント　大阪」「印鑑」「印鑑　通販」「相続」「相続相談」などの比較的短めの単語、または連語で、単一のシングルキーワードのものも、複数のキーワードを組み合わせた複合キーワードのものもあります。「矯正歯科」は単一のシングルキーワードなので最も上位表示の難易度が高い可能性があります。

正解　B：ロングテール

　ビッグキーワードでの上位表示ばかりを目指していると、すぐに結果が出ないのでSEOそのものに嫌気が差したり、人によっては不正リンクを購入して上位表示を目指すという大きなリスクを犯してしまうこともあります。

　そうしたリスクを避けて確実にビッグキーワードでの上位表示を達成するための方法論としてロングテールSEOという考え方があります。

　ロングテールという概念はクリス・アンダーソン氏が提唱した経済理論で、Webを活用したビジネスにおいては実店舗とは異なり在庫経費が少なくて済むため、人気商品ばかりを取り扱わなくてもニッチ商品の多品種少量販売で大きな売り上げ、利益を得ることができるというものです。

第53問

Q 次の文中の空欄 [　] に入る最も適切な語句をABCDの中から1つ選びなさい。

1回目

たくさんの [　] キーワードでサイト訪問者が増えているという実績をGoogleが評価し、最終的にビッグキーワードでも上位表示できるようになるという結果をもたらすことが可能になる。

2回目

3回目

A：関連

B：特殊

C：情報

D：購買

第54問

Q 次の文中の空欄 [　] に入る最も適切な語句をABCDの中から1つ選びなさい。

1回目

サイトのテーマがはっきりせずにさまざまなテーマのWebページをWebサイトに掲載すると [　] の検索順位が上がりづらくなる。

2回目

A：トップページ

3回目

B：Webサイト

C：キーワード

D：ランディングページ

正解　A：関連

　たくさんの関連キーワードでサイト訪問者が増えているという実績をGoogleが評価し、最終的にビッグキーワードでも上位表示できるようになるという結果をもたらすことが可能になります。

　たとえば、サイトのトップページを「インプラント」で上位表示させることは短期間では実現できないので、インプラントというキーワードの関連キーワードをGoogleキーワードプランナーで調べて「前歯　インプラント　値段」などのような比較的、上位表示しやすいスモールキーワードでの上位表示を初期の目標にします。

　いくつものスモールキーワードで上位表示するようになってきたら、次はミドルキーワードである「インプラント　寿命」などのキーワードでの上位表示を目指し、最終的にトップページを「インプラント」で上位表示させるという下から攻めていくボトムアップのSEO戦略がロングテールSEOです。

正解　A：トップページ

　企画・人気要素の2つ目の重要ポイントはWebサイトのテーマを何にするかを決めることです。

　サイトのテーマがはっきりせずにさまざまなテーマのWebページをWebサイトに掲載するとトップページの検索順位が上がりづらくなります。

　反対に、サイトのテーマを1つに絞り込んでテーマから逸れないコンテンツが掲載されたページを一貫してサイトに追加するとトップページの検索順位が上がりやすくなります。

　さまざまなテーマのコンテンツがある総合的なサイトよりも、テーマを1つに絞り込んだ専門性の高いサイトの方が他の条件が同じ場合上位表示しやすくなります。

第55問

Q 次の文中の空欄 [ ] に入る最も適切な語句をABCDの中から1つ選び
なさい。

1回目

自社サイトが作られたばかりでサイト運用歴という実績がほとんどない場合
は、[ ] を作ることが有効な上位表示対策になる。

2回目

A：重複サイト

3回目

B：特殊サイト

C：専門サイト

D：総合サイト

正解　C：専門サイト

　　自社サイトが作られたばかりでサイト運用歴という実績がほとんど
ない場合は、特に専門サイトを作ることが有効な上位表示対策になり
ます。

　　専門サイトのメリットには次の2つがあります。

①サイトテーマが絞りこまれているので上位表示されやすい

②検索ユーザーがそのときに関心のある情報ばかりがあり、関心のな
　い情報が少ないのでユーザーにとって見やすく、わかりやすい

　　一方、次のようなデメリットもあります。

①一定数のコンテンツをサイトに掲載してしまった後、掲載する情報
　のネタを探すのが難しくなりページを増やすことが難しくなる

②上位表示を目指すキーワードの種類が多い場合、専門サイトを複数
　作ることになり、サイト運営の費用や手間がかかる

第 ⑤ 章

内部要素

第56問

Q 内部要素の対策において3つの重要なエリアである3大エリアに含まれないものをABCDの中から1つ選びなさい。

1回目

2回目

3回目

A：メタキーワーズ

B：メタディスクリプション

C：タイトルタグ

D：h1タグ(1行目)

第57問

Q 次の文中の空欄 [　] に入る最も適切な語句をABCDの中から1つ選びなさい。

1回目

SEOにおいてはタイトルタグには必ずそのページを上位表示させたい [　] を含めることが重要である。

2回目

3回目

A：テーマ

B：属性

C：期間

D：キーワード

正解 A：メタキーワーズ

　内部要素の技術要因として上位表示に効果のあるSEOは三大エリアの最適化です。三大エリアというのはSEO上、3つの重要な対策という意味で三大エリアと呼ばれます。
　三大エリアは次の3つです。
①タイトルタグ
②メタディスクリプション
③h1タグ(1行目)

　タイトルタグというのはHTMLページの比較的上の方に記述されているそのページの内容を指し示すタグです。
　メタディスクリプションはページの概要文・説明文として使われるものです。タイトルタグの下に記述します。タイトルタグほどの上位表示効果はありませんが、メタディスクリプションにも注意を払う必要があります。
　h1タグとはWebページの大見出しを意味するタグです。

正解 D：キーワード

　SEOにおいてはタイトルタグには必ずそのページを上位表示させたい検索キーワードを含めることが重要です。理由はGoogleはタイトルタグというのはそのページの要旨、つまりテーマを記述したものとして認識するからです。

第58問

Q 次の文中の空欄 [　] に入る最も適切な語句をABCDの中から1つ選び
なさい。

1回目

[　] ほどの上位表示効果はないが、HTMLファイル内に記述するメタ
ディスクリプションにも注意を払う必要がある。

2回目

A：メタキーワーズ

3回目

B：メタタグ

C：タイトルタグ

D：h1タグ(1行目)

第59問

Q h1タグについて誤った記述をABCDの中から1つ選びなさい。

1回目

A：h1タグは各ページで同じことを書いたほうが上位表示しやすい

B：h1タグに目標キーワードを入れると上位表示しやすくなることが
　　ある

2回目

C：h1タグは大見出しのことである

3回目

D：h1タグには目標キーワードを複数回、入れるのはよくない

正解 C：タイトルタグ

　タイトルタグほどの上位表示効果はありませんが、HTMLファイル上のタイトルタグの下に記述するメタディスクリプションにも注意を払う必要があります。

　メタディスクリプションはPC版のWebページには全角で最大120文字、モバイル版のWebページには最大60文字まで書くと多くの場合それがそのままGoogleの検索結果ページに反映されます（半角文字は2文字で全角1文字扱いになります）。

　また、PC版、モバイル版の検索結果ページに表示される文字数は時期により変動することがあります。

正解 A：h1タグは各ページで同じことを書いたほうが上位表示しやすい

　h1タグとはWebページの大見出しを意味するタグです。

　そのページの表題をなるべくユーザーの注意を引くように書く必要があります。Hとはheading（ヘッディング）の略で見出しを意味する言葉です。

　上位表示を目指すためにはそのWebページのh1タグに上位表示を目指す目標キーワードを含めるようにしてください。

　また、h1タグに記述する内容は極力、ページごとに変えるようにしたほうがGoogleがそのページの意味をより理解してくれて上位表示に貢献することになります。

第60問

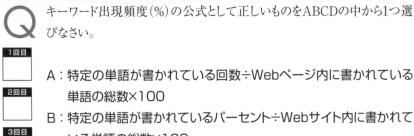

Q キーワード出現頻度(%)の公式として正しいものをABCDの中から1つ選びなさい。

1回目

2回目

3回目

A：特定の単語が書かれている回数÷Webページ内に書かれている単語の総数×100

B：特定の単語が書かれているパーセント÷Webサイト内に書かれている単語の総数×100

C：特定のキーワードが書かれている回数÷サイト全体に書かれている単語の総数×100

D：特定の単語が書かれている回数÷タイトルタグ内に書かれている単語の総数×100

第61問

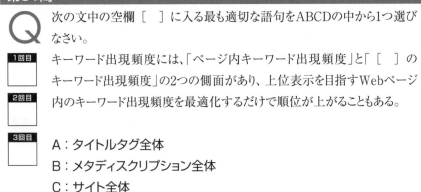

Q 次の文中の空欄 [　] に入る最も適切な語句をABCDの中から1つ選びなさい。

1回目

キーワード出現頻度には、「ページ内キーワード出現頻度」と「[　] のキーワード出現頻度」の2つの側面があり、上位表示を目指すWebページ

2回目

内のキーワード出現頻度を最適化するだけで順位が上がることもある。

3回目

A：タイトルタグ全体

B：メタディスクリプション全体

C：サイト全体

D：カテゴリ全体

正解　A：特定の単語が書かれている回数÷Webページ内に書かれている
　　　単語の総数×100

　三大エリアの次に重要な内部要素技術要因の最適化テクニックとしてはキーワード出現頻度の調整という技術があります。

　キーワード出現頻度とは特定のページのソース内に書かれている単語の総数の内、各単語が全体の何パーセント書かれているかの比率をパーセントで表現するものです。

　キーワード出現頻度の公式は次のようになります。

キーワード出現頻度（%）= 特定の単語が書かれている回数
**　　　　　÷Webページ内に書かれている単語の総数×100**

　手計算で算出するのは手間がかかるので多くのSEO実践者はキーワード出現頻度解析ソフトを使って算出しています。
http://www.keyword-kaiseki.jp/

正解　C：サイト全体

　キーワード出現頻度には「ページ内キーワード出現頻度」と「サイト全体のキーワード出現頻度」の2つの側面があり、上位表示を目指すWebページ内のキーワード出現頻度を最適化するだけで順位が上がることもありますが、競争率が激しいキーワードで上位表示を目指す場合はサイト全体のキーワード出現頻度を高める必要があります。

第62問

Q 次の文中の空欄［　］に入る最も適切な語句をABCDの中から1つ選びなさい。

ペンギンアップデートの実施以来、外部ドメインのサイトから自社サイトへの被リンクを獲得することはリスクがあり、従来のように増やすことが困難になってきた。だからこそ、［　］を最適化することは検索順位アップの大きな伸びしろになった。

A：サイト内の内部リンク構造
B：サイト外の外部リンク構造
C：サイト内の技術構造
D：サイト外の技術構造

第63問

Q 検索エンジンがナビゲーションにおいて評価対象にしている重要なタグはどれか？　ABCDの中から1つ選びなさい。

A：<title>
B：<p></p>
C：<a></a>
D：<h1>

正解 **A：サイト内の内部リンク構造**

　ペンギンアップデートの実施以来、外部ドメインのサイトから自社サイトへの被リンクを獲得することはリスクがあり、従来のように増やすことが困難になってきたからこそ、サイト内の内部リンク構造を最適化することは検索順位アップの大きな伸びしろになりました。

　サイト内の内部リンク構造の最適化には、次の重要ポイントがあります。
①わかりやすいナビゲーション
②アンカーテキストマッチ
③画像のALT属性
④関連性の高いページへのサイト内リンク

正解 **C：＜a＞＜/a＞**

　検索エンジンがナビゲーションにおいて評価対象にしているのは＜a＞＜/a＞というリンクを張るためのアンカータグがある、テキストリンクか、画像リンクのいずれかの形のものに限られます。

【テキストによるアンカータグの例】
＜a href="qanda.html"＞よくいただくご質問＜/a＞

【画像によるアンカータグの例】
＜a href="natural-material.html"＞
＜img src="images/header_menu04_off.gif"
　　　alt="自然素材紹介" border="0"＞
＜/a＞

第64問

Q 文書構造を示すタグではないものはどれか？　ABCDの中から1つ選びなさい。

1回目

2回目

3回目

A：<h3>

B：<p>

C：<ul>

D：<a>

第65問

Q モバイル用タグはどれか？　ABCDの中から1つ選びなさい。

1回目

2回目

3回目

A：canonical

B：robots no index

C：rel=nofollow

D：viewport

正解 D：<a>

　文書構造を示すタグはHタグ(<h1>、<h2>、<h3>、<h4>、<h5>、<h6>)、Pタグ(<p>)、リストタグ(<ul>、<ol>、<li>)です。<a>はリンクを張る際に使用するタグです。

正解 D：viewport

　モバイル用タグは「User-agent」「viewport」(<meta name ="viewport" content="width=device-width, initial-scale=1">)です。
　「robots no index」(<meta name="robots" content="noindex">)、「rel=nofollow」(<a href=" " rel="nofollow"></a>)、「canonical」(<link rel="canonical" href=" ">)はインデックス関連タグです。

タグ	説明
<meta name="robots" content="noindex">	クローラーのインデックス登録対象から除外する
<a href="" rel="nofollow">XXXX</a>	リンクとサイトを関連付けたくない場合に利用する
<link rel="canonical" href="XXXX" />	外部リンクなどのインデックス登録に関連する情報を集約し、検索結果に表示させたいURLを指定する

第66問

Q 次の文中の空欄 [　] に入る最も適切な語句をABCDの中から1つ選び なさい。

検索ユーザーが求めるコンテンツであるかどうかを判断する第一の条件 は [　] である。

A：コンテンツの提供者

B：コンテンツの周囲のタグ

C：コンテンツの独自性

D：コンテンツのテーマ

第67問

Q 次の文中の空欄 [　] に入る最も適切な語句をABCDの中から1つ選び なさい。

上位表示を目指す場合、特に競争率が高いビッグキーワードで上位表示 するには、上位表示を目指すページにある [　] が競合よりも多いことが 重要になる。

A：ALT属性内のテキスト量

B：発リンク数

C：文字数

D：タイトルタグ内の文字数

正解　D：コンテンツのテーマ

　　検索ユーザーが求めるコンテンツであるかどうかを判断する第一の条件はコンテンツのテーマです。

　　たとえば、ユーザーが東京にあるリフォーム会社を探すために「リフォーム　東京」で検索した場合、Webページ上に「リフォーム」をテーマにしたコンテンツが掲載されていることと東京にその会社が存在していることを指し示す言葉である「東京」というキーワードが書かれていれば、そうでない場合に比べて検索で上位表示しやすくなります。

　　反対に、「リフォーム」というキーワードよりも「新築」という言葉が多く書かれていれば「新築　東京」では上位表示しやすいですが、「リフォーム 東京」では上位表示しづらくなります。

正解　C：文字数

　　上位表示を目指す場合、特に競争率が高いビッグキーワードで上位表示するには、上位表示を目指すページにある文字数が競合よりも多いことと、サイト全体にそうした文字数が多いページの数が競合よりも多いことが重要になります。

　　ALT属性（オルト属性）とはブラウザで画像などの要素が表示できないときに、代わりに表示されるテキストを指定するために使われるものです。また、スクリーンリーダーでの読み上げの際に、ALT属性で設定した代替テキストが読み上げられるようにするためのものです。発リンク数とは他のWebページにリンクを張っている回数のことです。

第68問

Q なぜ、一部のまとめサイトがGoogleで上位表示しているのか？　最も正しい理由をABCDの中から1つ選びなさい。

1回目

2回目

3回目

A：独自性がない、あるいは非常に低い文字コンテンツでも、さまざまなソーシャルメディアから紹介されており、社会的に評価が高いとGoogleのアルゴリズムに評価されているから

B：独自性がない、あるいは非常に低い文字コンテンツでも、さまざまなサイト運営者がリンクを張り推奨したいという力学が働いているから

C：独自性がない、あるいは非常に低い文字コンテンツでも、運営者の社会的評価が高いため重要なポータルサイトに掲載されてリンクが張られているから

D：独自性がない、あるいは非常に低い文字コンテンツでも、さまざまな情報源から情報を探してとりまとめて編集するというユーザーが情報を探す手間を省くという一定の付加価値があるから

第69問

Q Googleがコンテンツの人気度を測定するために指標にしているものは次のうちどれか？　ABCDの中から1つ選びなさい。

1回目

2回目

3回目

A：サイト全体のテーマ

B：ページ内のメタタグ

C：検索結果上のクリック率

D：発リンク先のサイトテーマ

正解 D：独自性がない、あるいは非常に低い文字コンテンツでも、さまざまな情報源から情報を探してとりまとめて編集するというユーザーが情報を探す手間を省くという一定の付加価値があるから

　他のドメインのサイトにある情報をまとめただけのいわゆる「まとめサイト」が上位表示しているという現象があります。このタイプのサイトが上位表示する理由は、独自性がない、あるいは非常に低い文字コンテンツでもさまざまな情報源から情報を探してとりまとめて編集するというユーザーが情報を探す手間を省くという一定の付加価値があるため、時間を節約しようとする検索ユーザーがまとめサイトを訪問するため人気がある文字コンテンツだと評価するからです。

　独自性がない、あるいは非常に低い文字コンテンツばかりのサイトでも上位表示している事例が稀にあるのはこのことが理由です。

正解 C：検索結果上のクリック率

　検索結果上のクリック率はGoogleが創業期のころから参考にしているデータで、検索結果上に表示されるWebページのリンクの表示件数とクリック数から算出するクリック率がコンテンツの人気度を推測する重要な指標になっています。

　キーワードごとに表示される検索結果ページのどのリンクがどのくらいクリックされるかという非常にシンプルなデータです。

　Google以外のサイトであるブログランキングシステムや各種ポータルサイトでもクリックされればされるほど順位が上がるアルゴリズムを採用しているところが昔からあります。

　同じユーザーが短時間に何度も同じWebページをクリックして自社のページの検索順位を引き上げる不正行為を防止するためにGoogleは検索ユーザーがネット接続する際のIPアドレスを把握しています。

第70問

Q Googleがコンテンツの人気度を測定するために指標にしているものは次の
うちどれか？　ABCDの中から1つ選びなさい。

1回目

2回目

A：サイト全体のテーマ

B：ページ内のメタタグ

C：サイト滞在時間

3回目

D：発リンク先のサイトテーマ

第71問

Q 次の文中の空欄 [ ] に入る最も適切な語句をABCDの中から1つ選び
なさい。

1回目

[ ] ためには検索ユーザーが検索結果ページ上にあるリンクをクリックし
て訪問したランディングページから関連性の高いページにわかりやすくリン
クを張る事が必要である。

2回目

3回目

A：サイトの独自性を高める

B：サイト滞在時間を伸ばす

C：サイトの検索結果上のクリック率を高める

D：サイトの認識率を高める

正解　C：サイト滞在時間

　サイトの滞在時間はGoogleが無償で提供しているGoogleアナリ
ティクスというアクセス解析ログソフトを見てもわかるようにGoogle
は検索結果上でクリックされたページにユーザーが何秒間滞在してい
るか、そしてそのページからサイト内の他のページにリンクをたどり、
どのページを何秒間見ているかをクッキーという技術によって計測し
ていることがわかります。
　そしてそれらユーザーが閲覧した各ページの滞在時間を合計した
ものが推定サイト滞在時間として計算されてサイトの評価、そのサイ
トがあるドメインの評価にも影響を及ぼすことがわかっています。
　ページ滞在時間を伸ばすためにはわかりやすい情報を十分な量だ
け掲載することが必要です。

正解　B：サイト滞在時間を伸ばす

　滞在時間を伸ばすためには検索ユーザーが検索結果ページ上にあ
るリンクをクリックして訪問したランディングページから関連性の高い
ページにわかりやすくリンクを張ることが必要になります。

第 6 章

外部要素

第72問

Ｑ Googleが被リンクを検索順位算定する際にモデルにしているものはどれ
か？ ABCDの中から1つ選びなさい。

A：インターネット技術

B：情報工学の理論

C：学術論文

D：人工知能

第73問

Ｑ Googleがリンクを評価するときに最も重視している2つのポイントをABCD
の中から1つ選びなさい。

A：数と独自性

B：量と独自性

C：質と量

D：数と質

正解　C：学術論文

　Googleは創業以来、外部ドメインのサイトからのリンクを検索順位決定のための重要な手がかりにしてきました。

　その1つが被リンク元の数です。特定のサイトへリンクを張っている外部ドメインの数が多ければ多いほどリンクを張られたサイトは人気があり価値が高いはずなので検索順位が上がるべきだという発想です。

　これは学術論文の参照情報をモデルにした考えだといわれています。つまり、さまざまな学術論文の中で参照元として紹介される文献は多くの学者から信頼されている価値が高い情報のはずだという発想です。

正解　D：数と質

　Googleは創業以来、外部ドメインのサイトからのリンクを検索順位決定のための重要な手がかりにしてきました。

　その1つが被リンク元の数です。特定のサイトへリンクを張っている外部ドメインの数が多ければ多いほどリンクを張られたサイトは人気があり価値が高いはずなので検索順位が上がるべきだという発想です。

　しかし、この考え方に限界が生じました。原因は参照という本来の目的ではなく、検索順位を上げるためだけにやみくもに被リンク元の数を増やすという行為が一般化してきたからです。

　被リンク元の数だけではなく質を評価する基準をGoogleは年々増やしました。

第74問

Q Googleが被リンク元の質を評価する基準として代表的ではないものを
ABCDの中から1つ選びなさい。

1回目

2回目

3回目

A：オーソリティ

B：自然なリンクかどうか

C：ページランク

D：公的なリンクかどうか

第75問

Q ページランクについて正しい記述をABCDの中から1つ選びなさい。

1回目

2回目

3回目

A：ページランクはサイトのコンテンツの品質を考慮していない

B：ページランクは現在公開されていないが今でもサイトの評価基準
として使われている

C：ページランクは現在公開されておりサイトの評価基準として使わ
れている

D：ページランクは現在公開されておらずページの評価基準としては
時代遅れである

正解 D：公的なリンクかどうか

　リンクの質を評価する基準として代表的なものとしては、次の4つがあります。
①ページランク
②オーソリティ
③クリックされているか
④自然なリンクかどうか

正解 B：ページランクは現在公開されていないが今でもサイトの評価基準として使われている

　GoogleはインデックスしたWebページ1つひとつにページランクを付けています。ページランクは2016年3月まで発表されていましたが、現在ではその発表を停止しています。しかし、一般には公表してなくても現在でも検索順位算定において使用されているといわれています。
　ページランクという数値を活用することにより被リンク元のページランクも考慮されるようになっています。ページランクが低いたくさんのページからリンクを張られているページよりも少数でもページランクが高いページからリンクを張られている方が上位表示される傾向がGoogleにはあります。

第76問

Q 次の文中の空欄 [ ] に入る最も適切な語句をABCDの中から1つ選び
なさい。

1回目

特定の分野で [ ] 企業や団体のサイトや、たくさんのファンを抱える人
気サイトはその分野で権威があるサイトである。

2回目

A：多くの評論家に支持されている

3回目

B：多くのサイトに支持されている

C：多くの業界関係者に支持されている

D：多くのユーザーに支持されている

第77問

Q 次の文中の空欄 [ ] に入る最も適切な語句をABCDの中から1つ選び
なさい。

1回目

[ ] というのはユーザーにクリックされているリンクのことで通常、[ ] は
ページ内の比較的、目立つ部分にある。

2回目

A：画像リンク

3回目

B：陽性リンク

C：不正リンク

D：陰性リンク

正解 **D：多くのユーザーに支持されている**

被リンク元の質を測る指標としては被リンク元サイトのオーソリティ、つまり権威性があります。ある特定の分野で多くのユーザーに支持されている企業や団体のサイトや、たくさんのファンを抱える人気サイトはその分野で権威があるサイトです。

権威があるサイトからリンクを張られているページの方が、そうではないサイトからしかリンクを張られていないページよりも検索順位が高くなる傾向があります。

正解 **B：陽性リンク**

Googleが公開している技術特許の1つに陽性リンクと陰性リンクの判別に関する特許があります。

陽性リンクというのはユーザーにクリックされているリンクのことで通常、陽性リンクはページ内の比較的、目立つ部分にあります。一方、陰性リンクはユーザーにクリックされないリンクのことで多くの場合、ページ内の目立たない部分にあります。

このGoogleの特許によると陽性リンクは高く評価され、陰性リンクは高く評価されないということです。

※出典：「Ranking documents based on user behavior and/or feature data」
(https://patents.google.com/patent/US7716225B1/en)

第78問

Q 次の文中の空欄 [1] と [2] に入る最も適切な組み合わせをABCDの中から1つ選びなさい。

[1] のほうが [2] よりも高く評価され上位表示に貢献する。

1回目

2回目

3回目

A：[1] 規則的なリンク　　　[2] 不規則なリンク

B：[1] 自然なリンク　　　　[2] 不自然リンク

C：[1] 陰性リンク　　　　　[2] 陽性リンク

D：[1] 発リンク　　　　　　[2] 被リンク

第79問

Q 次の文中の空欄 [　] に入る最も適切な語句をABCDの中から1つ選びなさい。

2012年以前までのSEOではとにかく [　] 検索順位が上がっていた傾向が非常に高かった。

1回目

2回目

3回目

A：被リンク元の数を増やせば

B：被リンク元の質を高めれば

C：被リンク元の独自性を高めれば

D：被リンク元のトラフィックを増やせば

正解　B：[1] 自然なリンク　[2] 不自然リンク

　　自然なリンクのほうが不自然なリンクよりも高く評価され上位表示
に貢献します。自然なリンクの基準はたくさんありますが、その中で
も代表的なものとしてはアンカーテキスト中に記述された内容につい
てです。

　　この部分に「鈴木工務店」というアンカーテキストが書かれるのはよ
く見られる形ですが、この部分に「工務店　神奈川」と入れるのは不自
然です。

　　なぜなら通常、人は他人のサイトにリンクを張るときにサイト名か、
会社名をアンカーテキストにしてリンクを張るか、URLをそのままアン
カーテキストにしてリンクを張るからです。

　　にもかかわらず「工務店　神奈川」と入れてリンクを張るのはあたか
も「工務店　神奈川」というキーワードで上位表示を目指しているか
のようです。

　　こうした不自然なアンカーテキストが1つ2つ程度あるならいいの
ですが、何十も、何百ものサイトにあればそれはSEOのためだけのリ
ンク対策をしているのではないかとGoogleに察知されて検索順位は
上がりません。それどころか、リンクに関するペナルティを与えられて
検索順位が大きく下がる可能性が生じます。

正解　A：被リンク元の数を増やせば

　　ペンギンアップデートが実施された2012年以前までのSEOでは
とにかく被リンク元の数を増やせば検索順位が上がっていた傾向が非
常に高いという時期が続きました。

第80問

Q 今日のリンク対策の注意点として最も適切なものをABCDの中から1つ選びなさい。

1回目

2回目

3回目

A：信頼性の高いサイトからのリンクならSEO目的のリンクは購入してもよい

B：Googleに見破られない限りSEO目的の被リンクを購入することは問題はない

C：送客目的の被リンクでも絶対に購入してはならない

D：SEO目的の被リンクは絶対に購入してはならない

第81問

Q ソーシャルメディアについて最も適切な記述をABCDの中から1つ選びなさい。

1回目

2回目

3回目

A：いいねボタンの数をGoogleは評価する

B：フォロワーの数をGoogleは評価する

C：ソーシャルメディアからのリンクをGoogleは必ず評価する

D：ソーシャルメディアからのリンクやいいねボタンの数をGoogleは評価しない

正解　D：SEO目的の被リンクは絶対に購入してはならない

　SEO目的のためだけにリンクを張った場合、そのリンクをクリックする人達の数はほとんどいません。そのため、たくさんのアクセスが発生することはなく、単に被リンク元の数だけが増えるという結果になります。

　Googleはこのように被リンク数の増加率とそのリンクをたどって訪問したアクセス数を比較しているため、SEO目的のためだけのリンク購入は絶対に避けなければなりません。

正解　D：ソーシャルメディアからのリンクやいいねボタンの数をGoogleは
　　　評価しない

　被リンク元の数と質という評価基準を偏重してきたGoogleは徐々に方針を転換してリンク以外の外部要素を評価するようになりました。

　特に近年、上位表示に貢献する外部要素としてはソーシャルメディアという新しい要因が重要性を増してきました。ソーシャルメディアの要因はいいねボタンの数やそこからのリンク効果とは違います。ソーシャルメディアから自社サイトにリンクを張ることはできますが、リンクの効果はありません。

　なぜ、ソーシャルメディアからのリンクをリンクとしてGoogleは評価しないのか、考えられる理由は気軽に誰もがソーシャルメディアを作ることができ、かつ自社サイトにリンクを張るのは非常に簡単なことなのでそうしたリンクを通常のリンクとして認めてしまうと不正リンクの温床となるからです。

　そのため、ソーシャルメディアの要因はリンクそのものの数や質ではなく、そのリンクをクリックしてリンク先のWebページにユーザーが移動したかどうかを評価するものです。

第82問

Q Googleがトラフィック量の推測に役立てるのに使用しているものをABCD
の中から1つ選びなさい。

1回目

A：セキュリティ技術

2回目

B：セキュリティ証明書

C：クッキー

3回目

D：プライバシーポリシー

第83問

Q Facebookについて最も適切な記述をABCDの中から1つ選びなさい。

1回目

A：個人用Facebookをビジネスとして使うことは禁じられている

B：個人用Facebookをビジネスとして使うことはできる

2回目

C：個人用Facebookをビジネスとして使うことは時々ならば許される

D：個人用Facebookをビジネスとして使うことは特別な許可があれ

3回目

　　ば問題ない

正解　C：クッキー

　Googleはソーシャルメディア上にあるリンクの数を直接的に知ることは技術的にはできませんが、リンクをクリックして発生したサイトのアクセス数をクッキー技術により間接的にある程度は知ることができます。

　このことはGoogle公式サイトにある「プライバシーポリシー」(https://www.google.co.jp/intl/ja/policies/privacy/)に「Googleは、どのGoogleサービスから収集した情報も、そのサービスの提供、維持、保護および改善、新しいサービスの開発ならびに、Googleとユーザーの保護のために利用します」と述べられていることからもわかります。

正解　A：個人用Facebookをビジネスとして使うことは禁じられている

　個人用Facebookは個人が自分の日々の活動を、お友達登録してくれた他のユーザー達に情報を発信したり交流するために使用されるものです。ビジネスとして使う場合はFacebookページを使う必要があります。

　企業や団体として情報を発信するにはFacebookページを作る必要があります。世界の有名企業から街の小さなお店まで現在では無数のFacebookページが日々情報を発信しています。Facebookページに投稿した情報はファンとして登録したユーザーに配信されるので、投稿とほぼ同時に自社サイトのアクセスが増える非常に便利なツールとして、SEOにおいても使われるようになりました。

第84問

Q Twitterについての説明として正しいものをABCDの中から1つ選びなさい。

1回目

2回目

3回目

A：アカウントは1社あたり2つまで持ってよい

B：アカウントは1社あたり1つまでしか持ってはいけない

C：アカウントは1社あたり100個まで持ってよい

D：アカウントは1社あたり何個でも持ってよい

第85問

Q LINE公式アカウントのSEOにおける効用は何か？　ABCDの中から1つ選びなさい。

1回目

2回目

3回目

A：自社サイトと共同企画を実施することにより自社サイトの人気が高まること

B：自社サイトにリンクを張ることにより自社サイトのトラフィックが増えること

C：自社サイトと同じコンテンツを増やすことにより自社サイトの閲覧数が増えること

D：自社サイトにリンクを張ることにより自社サイトの被リンク元が増えること

正解　D：アカウントは1社あたり何個でも持ってよい

　Facebookの次に有効なソーシャルメディアとしてSEOの世界で普及してきているのがTwitterです。Twitterは、「ツイート」と呼ばれる140文字以内の短文の投稿を共有するWeb上の情報サービスでミニブログとも呼ばれています。

　自社サイトの更新状況とそのページへのリンクを投稿したり、商品の入荷状況などをこまめに投稿することにより自社サイトのアクセスを増やすことができます。

　アカウントはいくつでも作ることができ、個人としても企業、団体としても自由に利用することができます。

正解　B：自社サイトにリンクを張ることにより自社サイトのトラフィックが増えること

　Facebookの国内利用者数は2600万人（2019年7月時点のFacebook広告ツール発表）、Twitterは4500万人（2018年10月のTwitter発表）なので2位のTwitterの1.8倍以上の国内トップのソーシャルメディアなのがLINEです。

　LINE内でFacebookのように自社専用ページを持てるサービスがLINE公式アカウントです。Facebookのようにお友達登録をしたユーザー達に情報を配信することができるので自社サイトの更新情報とそのリンク情報を発信して自社サイトのアクセスを増やすことが可能です。

　毎月の情報配信数が1000人までなら無料で使え、それを超えても月額5000円程度からの利用料金なので手軽に始めることができます。

第86問

Q YouTubeについて最も適切な記述をABCDの中から1つ選びなさい。

A：自社サイトと共同企画を実施することにより自社サイトの人気が
高まる

B：自社サイトにリンクを張ることにより自社サイトのトラフィックが
増える

C：自社サイトにあるコンテンツを動画化することにより自社サイトの
閲覧数が増える

D：自社サイトにリンクを張ることにより自社サイトの被リンク元が増
える

第87問

Q ソーシャルブックマークについて最も適切な記述をABCDの中から1つ選
びなさい。

A：自社サイトと共同企画を実施することにより自社サイトの人気が
高まる

B：自社サイトをお気に入りに入れる人が増えることにより自社サイト
のトラフィックが増える

C：自社サイトにあるコンテンツをPRすることにより自社サイトの被
リンク元が増える

D：自社サイトをお気に入りに入れることにより自社サイトの被リンク
元が増える

正解　B：自社サイトにリンクを張ることにより自社サイトのトラフィックが
　　　　増える

　　YouTubeは動画を無料配信する動画メディアですが、レビュー
を書き込むことができたり情報を共有化できることからソーシャルメ
ディアの1つとして分類されます。
　　動画をYouTubeのサイトにアップロードすることにより動画の中
や、動画の下にある紹介文から自社サイトにリンクを張れるので有効
な流入元として活用することができます。

正解　B：自社サイトをお気に入りに入れる人が増えることにより自社サイト
　　　　のトラフィックが増える

　　ソーシャルブックマークとは、気に入ったサイトをブックマークに登
録して個人的に使うだけではなく、他のユーザーと共有することもで
きるソーシャルメディアです。最も人気があるのが「はてなブックマー
ク」です。米国のメジャーなソーシャルメディアやLINEなどが主流の
ソーシャルメディアになっている今日でも、はてなブックマークで紹介
されただけで爆発的にアクセスが伸びるということが起きています。
理由はTwitterなど他のソーシャルメディアと連動しているため情報
の拡散力が高いからだと思われます。

第88問

Q ソーシャルメディアとは定義しにくいものをABCDの中から1つ選びなさい。

A：インスタグラム

B：mixi

C：Wix

D：LinkedIn

第89問

Q 次の文中の空欄 ［　］ に入る最も適切な語句をABCDの中から1つ選び なさい。

サイテーション（Citation）とは学術論文の ［　］ のことを意味する。

A：テーマ

B：原理

C：言及

D：コンテンツ

正解 **C：Wix**

　ソーシャルメディアとは、誰もが参加できる広範的な情報発信技術を用いて、社会的相互性を通じて広がっていくように設計されたメディアで、双方向のコミュニケーションができることが特長です。一方、Wixは無料でWebサイトのレンタル、CMSなどを提供するサービスなのでソーシャルメディアとは一般的に認識されていません。

正解 **C：言及**

　サイテーション（Citation）とは学術論文の言及のことを意味します。サイテーション数の多さでその論文の学術的な価値が測られることからGoogleの特許情報によると、サイテーションが多いサイトは信頼性が高いということです。

　このような概念のことをサイテーションシグナル（言及信号）と呼びます。従来のGoogleはサイトの人気度の指標として被リンク元の数と質を主な情報源にしてきましたが、現在では他人のサイトからリンクをされていなくても、ただ言及されているだけで一定の評価をするようになってきています。リンク情報はなくても、人気のある企業やブランドほど、さまざまなサイト上で話題にしているという人間行動をGoogleのアルゴリズムに取り入れるようになりました。

第90問

Q 次の文中の空欄 [ ] に入る最も適切な語句をABCDの中から1つ選び なさい。

1回目

サイテーションが多いサイトは信頼性が高いということであり、このような概 念のことをサイテーション [ ] と呼ぶ。

2回目

A：シグナル

3回目

B：シンジケート

C：シンタックス

D：シンクロニシティ

第91問

Q サイテーション対策ではないものをABCDの中から1つ選びなさい。

1回目

A：人々が話題にしたくなるユニークな取り組みをする

B：Googleアナリティクスを設置する

2回目

C：ポータルサイトに掲載して自社ブランド名の露出を増やす

D：プレスリリースを行う

3回目

正解　A：シグナル

　サイテーションが多いサイトは信頼性が高いとGoogleは認識します。Googleはこのような概念のことをサイテーションシグナル（言及信号）と呼びます。

　シンジケートとは製品の独占販売をするための企業間の協定、連携のことをいいます。シンタックスとは統語論、構文という意味の英単語で、ITの分野ではプログラミング言語などの人工言語の仕様として定められた文法や表記法、構文規則などのルールを指します。シンクロニシティとはユングが提唱した概念で「意味のある偶然の一致」を指し、日本語では主に共時性、同時性または同時発生と訳される場合もあります。

正解　B：Googleアナリティクスを設置する

　Web上で自社のブランド名を話題にしてもらうためのサイテーション対策としては次のような方法があります。
①独自性の高いブランド名を作り、ブランド名を統一する
②人々が話題にしたくなるユニークな取り組みをする
③プレスリリースを行う
④ポータルサイトに掲載して自社ブランド名の露出を増やす
⑤ソーシャルメディアで自社ブランドの存在を知らせる

　Googleアナリティクスを設置するというのはサイトのアクセス状況を知るためのことなので、直接的なサイテーション対策の手段にはなりません。

第7章

応用問題

Q 次の図は何の画面か？ 最も適切な語句をABCDの中から1つ選びなさい。

1回目

2回目

3回目

Website	Reputation Information About the Site	Description
csmonitor.com	Search results for [csmonitor.com -site:csmonitor.com] Wikipedia article about The Christian Science Monitor	**Positive reputation information**: Notice the highlighted section in the Wikipedia article about The Christian Science Monitor newspaper, which tells us that the newspaper has won seven Pulitzer Prize awards. From this information, we can infer that the csmonitor.com website has a positive reputation.
kernel.org	Search results for [kernel.org –site:kernel.org] Wikipedia article about kernel.org	**Positive reputation information**: We learn in the Wikipedia article that "Kernel.org is a main repository of source code for the Linux kernel, the base of the popular Linux operating system. It makes all versions of the source code available to all users. It also hosts various other projects, like Google Android. The main purpose of the site is to host a repository for Linux kernel developers and maintainers of Linux distributions."
Site selling children's jungle gym	Search to find reputation information Search to find reviews BBB negative review TrustLink negative reviews Negative news article	**Extremely negative reputation information**: This business has a BBB rating of F (i.e., lowest rating given by BBB). There is a news article about financial fraud. There are many reviews on websites describing users sending money and not receiving anything from various sources.
Site selling products related to eyewear	Search to find reputation information BBB page Wikipedia article New York Times article	**Extremely negative/malicious reputation information**: This website engaged in criminal behavior such as physically threatening users.
Organization serving the hospitalized veteran community	Search to find scams related this organization Negative review 1 Negative review 2 Negative review 3 Negative review 4	**Extremely negative reputation information**: There are many detailed negative articles on news sites and charity watchdog sites about this organization describing fraud and financial mishandling.

2.6.5 What to Do When You Find No Reputation Information

You should expect to find reputation information for large businesses and websites of large organizations, as well as well-known content creators.

A：Google検索セントラルブログ(旧Googleウェブマスターブログ)

B：Googleウェブマスターガイドライン

C：サーチクオリティガイド

D：検索品質評価ガイドライン

正解　D：検索品質評価ガイドライン

　検索品質評価ガイドライン（General Guidelines）はGoogleのアルゴリズムやスタッフがどのようにサイトを評価しているのか、その詳しい評価基準を解説しているPDF資料のことです。

　http://static.googleusercontent.com/media/www.google.com/ja//insidesearch/howsearchworks/assets/searchqualityevaluatorguidelines.pdf

　ウェブマスター向けガイドライン（品質に関するガイドライン）という言葉はありますが、Googleウェブマスターガイドラインは造語なので使われていない言葉です。サーチクオリティガイドも造語なので使われていない言葉です。

第93問

Q 次の図は何の画面か? 最も適切な語句をABCDの中から1つ選びなさい。

1回目

2回目

3回目

A：海外のSEOニュースサイト

B：海外のSEOカンファレンス

C：海外のSEO団体公式サイト

D：海外のGoogle公式情報

正解 B：海外のSEOカンファレンス

　世界中からSEOのプロフェッショナルが参加するカンファレンスは SEOの重要な情報源の1つです。カンファレンスではGoogle、Micro softなどの検索エンジン運営企業の担当者が講演をするだけではな く、世界的に著名なSEO業界のプロフェッショナル達が実証データに 基づいた貴重な上位表示技術を発表します。

　講演の他には最新のSEO関連のソフトウェアのブースの見学、米国 を始めとする世界のプロとのネットワーキングをすることができます。 メジャーなSEOカンファレンスとしてはSMX（Search Marketing Expo）、Digital Summit、PUBCONなどがあります。また、ソーシャ ルメディア時代に対応するためのソーシャルメディア関連のカンファレ ンスや、SEO、リスティング広告、ソーシャルメディア活用を統合した デジタルマーケティングのカンファレンスも増えています。

Q 次の図は何の画面か？　最も適切な語句をABCDの中から1つ選びなさい。

1回目

2回目

3回目

A：海外のSEOニュースサイト

B：海外のSEOカンファレンス

C：海外のSEO団体公式サイト

D：海外のGoogle公式情報

A：海外のSEOニュースサイト

　米国のSEOに関するニュースサイトでは日常的に第一線のSEOの
プロフェッショナル達が独自研究に基づいた最新の発見やSEO技術
を発表しています。

　また、Googleのアルゴリズムの変化や発表に関する見解をタイム
リーに発表していますので日本のSEO担当者も参考になる情報を取
得することができます。

　代表的なSEOニュースサイトはSearch Engine Land、Search
Engine Watchなどがあります。特に毎年、定期的に発表される検
索順位決定要因のデータはそのときのGoogleが検索順位を決める
上でどのような要因を重視するのかそのトレンドがわかり参考になり
ます。

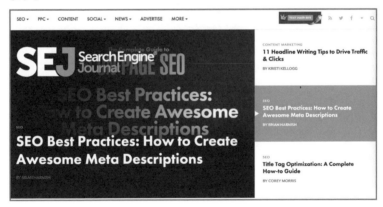

Q 次の図は何の画面か？　最も適切な語句をABCDの中から1つ選びなさい。

1回目

2回目

3回目

A：海外のSEOニュースサイト

B：海外のSEOカンファレンス

C：海外のSEO団体公式サイト

D：海外のGoogle公式情報

正解　A：海外のSEOニュースサイト

　　Search Engine Landは海外のSEOサイトの中でも最も影響力
のあるSEOニュースを配信しているサイトの1つです。
https://searchengineland.com/

第96問

Q 次の図は何の画面か？　最も適切な語句をABCDの中から1つ選びなさい。

1回目

2回目

3回目

札幌市中央区　美顔 エステサロン フレアーサロンリバイブ4丁目プラザ店 - iタウンページ
体験コースの案内、使用化粧品の紹介。
http://itp.ne.jp/ap/0112237333/lp/1/
├ 🗁 地域情報＞国内総合＞iタウンページ＞掲載ページ＞美容・ファッション＞美容・コスメ
└ 🗁 地域情報＞北海道

郡山市 化粧品販売 エステテックサロン ノエビア南奥販社
ノエビアの認定スキンケアアドバイザーによる肌のトリートメントの案内。
http://itp.ne.jp/ap/0249229117/lp/1/
├ 🗁 地域情報＞国内総合＞iタウンページ＞掲載ページ＞美容・ファッション＞美容・コスメ
└ 🗁 地域情報＞東北

おシゴト粧界ナビ
週刊粧業が提供。化粧品OEM・容器・原料など化粧品製造企業情報サイト。地域別・仕事依頼内容別検索など。
http://osn.syogyo.jp/
└ 🗁 ビジネスと金融＞企業＞化学＞化粧品、衛生用品

美肌マニア
化粧品成分の情報サイト。無添加化粧品検索、美容情報、化粧品ブランドリストなど。
http://bihada-mania.jp/
├ 🗁 今週のおすすめカテゴリー＞バックナンバー＞2015年＞目指せすっぴん美人！素肌ケア、アイテム、メイク術など
├ 🗁 スマートフォン対応サイト＞美容・ファッション
├ 🗁 健康と医療＞美容＞メイクアップ＞化粧品＞総合情報
├ 🗁 健康と医療＞美容＞ヘアケア＞総合情報
└ 🗁 健康と医療＞美容＞フェイスケア、ボディケア＞総合情報

A：ロボット型検索エンジン

B：ディレクトリ型検索エンジン

C：クローラー型検索エンジン

D：インデックス型検索エンジン

正解　B：ディレクトリ型検索エンジン

　ディレクトリ型検索エンジンは人間がWebサイトの名前、紹介文、URLをデータベースに記述してカテゴリ別に整理した検索エンジンです。

　情報を収集するのもその内容を編集するのも編集者という人間の手によるものでした。

　検索の方法は2つあります。1つはカテゴリ検索という方法で、ユーザーがカテゴリ名をクリックすると自分の探しているWebサイトを見つけることができます。

　2つ目の方法はキーワード検索という方法で、キーワード入力欄に心当たりのあるキーワードを入力すると、あらかじめ検索対象として設定されているサイト名、紹介文等にそのキーワードが適合すると検索結果に表示されるものです。

　ディレクトリ型検索エンジンには次のようなメリットがあります。

①登録サイトが人的に管理されているため、無駄な情報が少なく有益な情報が見やすく整理された形で掲載されており使いやすい。

②Webサイトをディレクトリ編集者が適切だと判断したカテゴリに登録するため、ユーザーは自分の興味がある分野に関するWebサイトをカテゴリを通して見つけることができる。

　逆に次のようなデメリットもあります。

①Webページ単位ではなくWebサイト単位で登録されるため、実際に登録サイトに目的の情報が存在するにもかかわらずキーワード検索で見つからない場合がある。

②Webサイト、Webページ数が急増している現在、人間の手によってサイト情報を登録していくには限界があるため情報量が少ない。

③編集者が登録するWebサイトを決定して説明文を記述するため、編集者の主観や運営会社の編集方針によって掲載情報が左右される。

第97問

Q 次の図は何の画面か？ 最も適切な語句をABCDの中から1つ選びなさい。

	A	B	C	D	E	F
1	Ad group	Keyword	Currency	Avg. Monthly Searches	Competition	Suggested bid
2	費用	インプラント 費用	JPY	12100	0.97	602
3	費用	歯 インプラント 費用	JPY	260	0.95	649
4	費用	歯科 インプラント 費用	JPY	70	0.97	698
5	費用	インプラント費用比較	JPY	210	0.96	623
6	費用	インプラントとは費用	JPY	210	0.97	654
7	費用	インプラント 費用 大阪	JPY	40	0.99	807
8	費用	インプラント治療 費用	JPY	170	0.97	712
9	費用	インプラント 費用 相場	JPY	110	0.94	535
10	費用	インプラントの費用	JPY	90	0.94	634
11	費用	総インプラント 費用	JPY	140	0.96	514
12	費用	インプラント 費用 保険	JPY	390	0.94	537
13	費用	インプラント メンテナンス 費用	JPY	140	0.74	936
14	費用	ミニインプラント 費用	JPY	70	0.84	306
15	費用	インプラント 費用 成功率	JPY	40	0.93	1018
16	費用	歯科 費用	JPY	70	0.86	940
17	歯	歯 インプラント	JPY	1000	0.97	650
18	歯	インプラント 歯	JPY	320	0.94	609
19	歯	インプラント 仮歯	JPY	260	0.84	784
20	歯	歯周病 インプラント	JPY	140	0.95	445
21	歯	歯 インプラント 値段	JPY	210	0.97	647
22	歯	歯 クリーニング	JPY	2900	0.83	323

A：シミラーウェブの流入キーワードデータ

B：Googleキーワードプランナーのデータ

C：シミラーウェブの被リンク元データ

D：サーチコンソールのデータ

正解　B：Googleキーワードプランナーのデータ

　検索ユーザーがどのようなキーワードを検索しているかを知る方法はいくつかありますが、最もポピュラーな方法がGoogleキーワードプランナー（https://ads.google.com/intl/ja_jp/home/tools/keyword-planner/）の活用です。

　GoogleアカウントのID、パスワードでログインしてキーワードを入力することにより、入力したキーワードがGoogleで前月に何回、検索されたかを知ることができます。

　さらにCSV形式のファイルをダウンロードして表計算ソフトで開くと、次のような重要情報を知ることができます。

①関連キーワード

②各関連キーワードの平均月間検索数

③各関連キーワードの競合性（競争率）

④各関連キーワードのGoogleアドワーズ広告の推奨入札金額

　Googleで検索したユーザーが、他にどのような関連性のあるキーワードで検索したかが関連キーワードです。

Q 次の図は何の画面か? 最も適切な語句をABCDの中から1つ選びなさい。

1回目

2回目

3回目

A：ドリームウィーバー

B：テキストエディタ

C：ワードプレス

D：ホームページビルダー

正解　B：テキストエディタ

　ホームページ作成ソフトを使わずにシンプルなテキストエディタや
メモ帳を使い、HTMLタグなどを直接、入力してWebページを作成
する人達もいます。昔からそうしてきた人達にとっては動作の重いソ
フトを使ったりCMSを使うより早く作業ができるのが理由です。テ
キストエディタに表示されるものはブラウザ上で表示される実際の
Webページではなく、Webページを構成するHTMLタグ、CSS、
Javascriptなどのコードそのものです。

　ドリームウィーバーはAdobe Dreamweaverというアドビが販売し
ているWeb作成ソフトのことで旧称はMacromedia Dreamweaver
であり、元々はマクロメディアが開発した人気ソフトでした。

　ワードプレス（WordPress）はオープンソースのブログソフトウェアで
PHPで開発されており、データベース管理システムとしてMySQLを
利用しているCMS（コンテンツ管理システム）のことです。単なるブロ
グではなくコンテンツ管理システムとしても利用されているものです。

　ホームページビルダーはジャストシステムが開発・販売している、
HTMLタグを知らなくてもWebページおよびWebサイトを作成する
ことができるWeb作成ソフトです。

Q インデックス型のWebページに最も近いものはどれか？　ABCDの中から1つ選びなさい。

A:

東京・大阪、名古屋・福岡開催
日本全国で10,000人以上の皆様に参加していただいた(社)全日本SEO協会
主催セミナー

自分で出来るSEO対策を習得するために全国からホームページ担当者の皆様、経営者の皆様が集まる検索上位表示、アクセスアップ、売上アップのためのセミナーです。

初心者の方はゼロからSEO対策を学ぶことが出来、中級者、上級者の方はさらに技術を高める事が出来ます。

当協会のSEOセミナーは講義、図解が豊富な解説テキスト、無料お試しコンサルティングなどを通じて、あなたご自身が自らの手によって目標を達成できるよう説明させて頂きます。

全国各地で開催されるSEOセミナーの日程はこちらです >>>

当協会のSEOセミナーは動画でもご覧頂けます

お忙しくてセミナーを受講するお時間の無い方、遠方のため中々都合がつかない方のために当協会主催のSEOセミナーを2ヶ月に1回撮影してビデオ講座としてお届けしています。オンライン版はパソコンだけではなく、スマートフォン、タブレットでもご覧いただけます。またDVD版ならテレビでもご覧いただけます。ビデオ講座はこちらをご覧下さい

ご自分にあったSEOセミナーの選び方

▶ どのSEOセミナーが自分にとって最適なのかというご質問を頂いております。

これからSEO対策を本格的に始めようとする方には

・これから始めるSEO! 成功の3ステップセミナー
・今すぐ出来るSEO！初心者向けベーシックセミナー

B:

C :

D :

正解 C

　Webサイトの制作技術が進歩するにつれ、トップページは本来のインデックスページの役割から逸れて、デザイン性の高いページにするために画像や特殊効果を出すビジュアルが多用されるようになりました。

　しかし、SEOが企業のWebマーケティングにおいて重要な課題になるにつれ、過度な装飾を止めて本来の意味であるインデックスのような形にして、検索エンジンに理解してもらいやすくするために本来の形に戻りつつあります。

　実際に非常に多くのユーザーが利用する人気サイトであるアマゾン、ヤフージャパン、楽天、価格コムなどのトップページを見ると、一定の装飾はあるもののサイトの下層ページにユーザーや検索エンジンロボットがアクセスしやすいように多数のテキストリンクや画像リンクを配したインデックスページになっていることがわかります。

＜メモ＞

Q サイテーション対策に最もなりにくいものはどれか？　ABCDの中から1つ選びなさい。

1回目

2回目

3回目

A：

B：

C:

D:

正解 B

　Web上で自社のブランド名を話題にしてもらうためのサイテーション対策としては次のような方法があります。

①独自性の高いブランド名を作り、ブランド名を統一する

　社名はもちろん、自社独自の商品・サービスのブランド名は他社にはない独自性のある物を考え、表記を統一することによりその会社のブランド名だとGoogleは認識しやすくなります。

②人々が話題にしたくなるユニークな取り組みをする

　得するイベント、珍しいイベントの開催、新規性が高い商品・サービスの発売。

③プレスリリースを行う

　人々が話題にしたくなるユニークな取り組みを実施する時は事前にプレスリリース代行サービスを使いより多くのメディアに掲載されることを目指す。

④ポータルサイト掲載にして自社ブランド名の露出を増やす

　ネットユーザーの多くがGoogle等の検索エンジン以外のショッピングモールや口コミサイト、比較サイト、業種別ポータルサイト、地域ポータルサイトを使い情報を探しています。そうしたところに掲載されれば自社のブランド名がより多くの他社のサイトに載ることになります。

⑤ソーシャルメディアで自社ブランドの存在を知らせる

　Facebook、Twitterなどのソーシャルメディアで日常的に情報発信をしてその中に自社ブランドの商品・サービスを紹介するという地道な作業を行う。

　AはソーシャルメディアのInstagram、Cはプレスリリース代行大手のPRTIMES公式サイト、Dは人々が話題にしたくなるユニークな取り組みを伝えるWebページです。

　一方、Bは相互リンク集で、ほとんどの場合リンクをクリックしてリンク先のサイトを見ようとする人がいないため、サイテーション対策には最もなりにくいものです。

付録

SEO検定4級
試験問題
（2021年7月・東京）

※解答は160ページ参照

第1問

Q：次の図は何の画面か。最も適切な語句をABCDの中から1つ選びなさい。

A：海外のSEOニュースサイト

B：海外のSEOカンファレンス

C：海外のSEO団体公式サイト

D：海外のGoogle公式情報

第2問

Q：URLの主な構成について最も適切な語句をABCDの中から1つ選びなさい。

A：「*」（アスタリスク）や「%」（パーセント）で区切られる

B：「@」（アットマーク）や「.」（ピリオド）で区切られる

C：「/」（スラッシュ）や「.」（ドット）で区切られる

D：「%」（パーセント）や「_」（アンダーバー）で区切られる

第3問

Q：次の文中の空欄[　]に入る最も適切な語句をABCDの中から1つ選びなさい。

今日では自社サイトやクライアントのサイトに対して[　]を集めることは極めて危険なことであり、避けなくてはならない。

A：被リンク

B：陽性リンク

C：発リンク

D：不正リンク

第4問

Q：次の文中の空欄[　]に入る最も適切な語句をABCDの中から1つ選びなさい。

[　]とはWebページの大見出しを意味するタグのことを言う。

A：H3タグ

B：H1タグ

C：Hタグ

D：H2タグ

第5問

Q：次の文中の空欄[　]に入る最も適切な語句をABCDの中から1つ選びなさい。

競争率の激しいビッグキーワードでの上位表示ばかりを追いかけなくても、競争率の低い[　]をたくさん目標化して上位表示を達成すれば、労少なく効率的に見込み客が自社サイトを見に来てくれる。

A：ビッグキーワード

B：ストップキーワード

C：ミドルキーワード

D：スモールキーワード

第6問

Q：次の文中の空欄[　]に入る最も適切な語句をABCDの中から1つ選びなさい。

コンテンツ要因というのはコンテンツの[　]、特にコンテンツの独自性があるかどうかという情報の品質面の要因である。

A：量と質

B：質と形

C：数と内容

D：量と内容

第7問

Q：次の文中の空欄[　]に入る最も適切な語句をABCDの中から1つ選びなさい。

Webサイトは事務所内や自宅にWebサイトを格納する[　]を構築する必要があり誰でも簡単に開設できるようなものではなかった。

A：ブラウザ

B：ドメイン

C：IPアドレス

D：サーバー

第8問

Q：次の文中の空欄[　]に入る最も適切な語句をABCDの中から1つ選びなさい。

[　]とは特定のページのソース内に書かれている単語の総数の内、各単語が全体の何パーセント書かれているかの比率をパーセントで表現するものである。

A：キーワード出現頻度

B：キーワード重複回数

C：キーワード出現回数

D：キーワード発生頻度

第9問

Q：次の文中の空欄[　]に入る最も適切な語句をABCDの中から1つ選びなさい。

日本国内において、2010年まで独自の検索エンジンYST（Yahoo! Search Technology）を使用していたYahoo! JAPANはYSTの使用をやめて、[　]をその公式な検索エンジンとして採用した。

A：MSN

B：Google

C：Spotlight

D：Bing

第10問

Q：次の文中の空欄[　]に入る最も適切な語句をABCDの中から1つ選びなさい。

動的ページとは「search.php?Q=pentagon」などのように、パスとともにクエリと呼ばれる[　]が要求データとして送信され、これを受信したWebサーバは、スクリプトと呼ばれるプログラムに渡された[　]を指定して実行することで結果を生成し、それを応答のデータとしてブラウザに送信する方式のWebページのことをいう。

A：データ

B：プログラム

C：パラメータ

D：スクリプト

第11問

Q：Googleの公式な情報ではないものをABCDの中から1つ選びなさい。

A：Googleウェブマスター向け公式ブログ（Google検索セントラル）

B：検索品質評価ガイドライン

C：SEOツール

D：ウェブマスター向けガイドライン

第12問

Q：Google検索が対象としないものをABCDの中から1つ選びなさい。

A：Webサイト
B：IoT
C：地図
D：モバイルアプリ

第13問

Q：次の文中の空欄[　]に入る最も適切な語句をABCDの中から1つ選びなさい。

[　]はAdobe社が買収して以来、Adobe社の他の人気ソフトであるPhotoshopやイラストレーターなどと一緒に提供されるようになり今日ではWeb制作のプロの多くが使うようになった。

A：ホームページメーカー
B：ホームページビルダー
C：Fireworks
D：Dreamweaver

第14問

Q：次の文中の空欄[　]に入る最も適切な語句をABCDの中から1つ選びなさい。

インターネットの前身は[　]と呼ばれるパケット通信によるコンピューターネットワークである。

A：Local Area Network
B：Ethernet
C：ARPANET
D：DARPANET

第15問

Q：内部要素の対策において3つの重要なエリアである3大エリアに含まれないものをABCDの中から1つ選びなさい。

A：メタキーワーズ
B：メタディスクリプション
C：H1タグ(1行目)
D：タイトルタグ

第16問

Q：次の文中の空欄[　]に入る最も適切な語句をABCDの中から1つ選びなさい。

不正リンクに対するアップデートの実施以来、外部ドメインのサイトから自社サイトへの被リンクを獲得することはリスクがあり、従来のように増やすことが困難になってきた。だからこそ、[　]を最適化することは検索順位アップの大きな伸びしろになった。

A：サイト内の技術構造
B：サイト外の外部リンク構造
C：サイト外の技術構造
D：サイト内の内部リンク構造

第17問

Q：上位表示に一定のプラスが生じるソースの記述は次のうちどれか。ABCDの中から1つ選びなさい。

A：<h1><img src="images/header_menu04_off.gif" alt="自然素材紹介" border="0"></h1>
B：<a href="natural-material.html"><img src="images/header_menu04_off.gif" alt="自然素材紹介" border="0"></a>
C：<p><img src="images/header_menu04_off.gif" alt="自然素材紹介" border="0"></p>
D：<h2><img src="images/header_menu04_off.gif" alt="自然素材紹介" border="0"></h2>

第18問

Q：コンテンツとは一言でいうと次のうちどれを意味するのか。ABCDの中から1つ選びなさい。

A：メディアの形態
B：情報の中身
C：情報の配布
D：アルゴリズム

第19問

Q：Webページを構成する技術要素として当てはまらないものをABCDの中から1つ選びなさい。

A：JavaScript
B：HTML
C：カテゴリ
D：CSS

第20問

Q：なぜ一部のまとめサイトがGoogleで上位表示しているのか。最も正しい理由をABCDの中から1つ選びなさい。

A：独自性がない、あるいは非常に低い文字コンテンツでもさまざまな情報源から情報を探してとりまとめて編集するというユーザーが情報を探す手間を省くという一定の付加価値があるから

B：独自性がない、あるいは非常に低い文字コンテンツでも運営者の社会的評価が高いため重要なポータルサイトに掲載されてリンクが張られているから

C：独自性がない、あるいは非常に低い文字コンテンツでもさまざまなサイト運営者がリンクを張り推奨したいという力学が働いているから

D：独自性がない、あるいは非常に低い文字コンテンツでもさまざまなソーシャルメディアから紹介されており社会的に評価が高いとGoogleのアルゴリズムに評価されているから

第21問

Q：次の文中の空欄[　]に入る最も適切な語句をABCDの中から1つ選びなさい。

[　]実施後にクエリと関連性の高いページの検索順位が上がり、関連性の低いページの検索順位が下げられるようになった。

A：ペンギンアップデート

B：BERTアップデート

C：コアアップデート

D：パンダアップデート

第22問

Q：次の文中の空欄[　]に入る最も適切な語句をABCDの中から1つ選びなさい。

WWWの発展に伴ってより見栄えを良くするためにデザイン性の高いWebページが求められるようになった。見栄えを記述する専用の言語として[　]が考案された。

A：JavaScript

B：CSS

C：PerlScript

D：HTML

第23問

Q：次の文中の空欄[　]に入る最も適切な語句をABCDの中から1つ選びなさい。

Googleが公開している技術特許の1つに[　]の判別に関する特許がある。

A：陽性リンクと陰性リンク

B：外部ドメインからのリンクとサイト内部のページからのリンク

C：被リンクと発リンク

D：リンクテキストとアンカーテキスト

第24問

Q：ソーシャルメディアについての正しい記述をABCDの中から1つ選びなさい。

A：Googleはソーシャルメディア上にあるリンクの数を直接的に知ることは技術的にはできる

B：Googleはリンクをクリックして発生したサイトのアクセス数をまったく知ることができない

C：Googleはソーシャルメディア上にあるリンクの数を直接的に知ることは技術的にはできない

D：Google上位表示にソーシャルメディア活用は効果はまったくない

第25問

Q：パンダアップデートについて最も正しい記述をABCDの中から1つ選びなさい。

A：パンダアップデートにより同じドメインのサイト内にある他のWebページにあるコンテンツのすべてをコピーしているだけの独自性の低いWebページの検索順位が下げられるようになった

B：パンダアップデートにより同じドメインのサイト内にある他のWebページにあるコンテンツの一部をコピーしているだけの独自性の低いWebページの検索順位が下げられるようになった

C：パンダアップデートにより他のサイトから文章をコピーしてはいけなくなった

D：パンダアップデートにより他のサイトから文章をコピーしてはいけなくなっただけではなく、同じドメインのサイト内にある他のWebページにあるコンテンツの一部あるいは全部をコピーしているだけの独自性の低いWebページの検索順位が下げられるようになった

第26問

Q：次の文中の空欄[　]に入る最も適切な語句をABCDの中から1つ選びなさい。

[　]によるペナルティは、いくつかのGoogleが定めた基準に当てはまるリンクを大量に集めた場合にリンクが張られたサイトに対してソフトウェアにより[　]的に適用されるものである。

A：自動

B：独立

C：連動

D：手動

第27問

Q：Webサイトのツリー構造において最下層のものはどれか。最も適切な語句をABCDの中から1つ選びなさい。

A：カテゴリページ

B：ディレクトリ

C：サブページ

D：トップページ

第28問

Q：ページランクについて正しい記述をABCDの中から1つ選びなさい。

A：ページランクはサイトのコンテンツの品質を考慮していない

B：ページランクは現在公開されておりサイトの評価基準として使われている

C：ページランクは現在公開されていないが今でもサイトの評価基準として使われている

D：ページランクは現在公開されておらずページの評価基準としては時代遅れである

第29問

Q：ソーシャルブックマークについて正しい記述をABCDの中から1つ選びなさい。

A：自社サイトをお気に入りに入れることにより自社サイトの被リンク元が増える

B：自社サイトにあるコンテンツをPRすることにより自社サイトの被リンク元が増える

C：自社サイトをお気に入りに入れる人が増えることにより自社サイトのトラフィックが増える

D：自社サイトと共同企画を実施することにより自社サイトの人気が高まる

第30問

Q：トップレベルドメインは www.bbbbb.co.jpのうちどれか。該当する部分をABCDの中から1つ選びなさい。

A：jp

B：bbbbb

C：co

D：www

第31問

Q：次の文中の空欄[　]に入る最も適切な語句をABCDの中から1つ選びなさい。

[　]はクイーンズランド技術大学（QUT）などの調査によると全検索の1割を占め、「アマゾン」や「ヤフオク」などの企業名やそのブランド名での検索でそこで購入しようとする購買意欲の高い検索ユーザーが検索するキーワードであり、成約率が最も高く経済価値が最も高いものである。

A：購入検索

B：情報検索

C：購買検索

D：指名検索

第32問

Q：Googleで検索されるキーワードの8割近くを占める検索キーワードのタイプをABCDの中から1つ選びなさい。

A：情報検索
B：指名検索
C：購入検索
D：名称検索

第33問

Q：次の文中の空欄[　]に入る最も適切な語句をABCDの中から1つ選びなさい。

ページランクはWeb上の1つひとつのWebページに割り当てられる評価スコアで、配点は[　]段階評価である。

A：10
B：3
C：5
D：11

第34問

Q：次の文中の空欄[　]に入る最も適切な語句をABCDの中から1つ選びなさい。

サイトのテーマがはっきりせずにさまざまなテーマのWebページをWebサイトに掲載すると[　]の検索順位が上がりづらくなる。

A：キーワード
B：トップページ
C：ランディングページ
D：Webサイト

第35問

Q：次の文中の空欄[　]に入る最も適切な語句をABCDの中から1つ選びなさい。

WWW上には無数のWebサイトが開設されており企業、団体、学校、個人などがWebサイトに[　]した情報をインターネットユーザーは自由に閲覧することができる。

A：ダウンタイム
B：ダウンロード
C：アップロード
D：通信

第36問

Q：次の文中の[A]と[B]に入る最も適切な組み合わせをABCDの中から1つ選びなさい。

企業が現実的にどのようにSEOを実施するのかというと2つの選択肢がある。1つはSEO業務のすべてを外部のSEO会社に外注するという[A]SEOであり、2つ目の選択肢は自社内にSEO技術を有するスタッフを抱え自社内でSEO業務を実施する[B]SEOである。

A：[アウトバウンド] [インバウンド]
B：[インハウス] [アウトソーシング]
C：[インバウンド] [アウトバウンド]
D：[アウトソーシング] [インハウス]

第37問

Q：次の文中の空欄[　]に入る最も適切な語句をABCDの中から1つ選びなさい。

インターネットの原始的な形態は4つの[　]の大型コンピューターを相互に接続するという小規模なネットワークだった。

A：大学
B：企業
C：政府
D：公共団体

第38問

Q：次の文中の空欄[　]に入る最も適切な語句をABCDの中から1つ選びなさい。

[　]とは、非同期通信を利用してデータを取得したり、動的にWebページの内容を書き換える技術のことである。これを取り入れるとバックグラウンドでサーバーと非同期通信することができページを切り替えることなくWebページ上で動作を実現できる。

A：Ajax
B：Aref
C：Alpha
D：ASP

第39問

Q：中国で最も人気のある検索エンジンはどれか。ABCDの中から1つ選びなさい。

A：Alibaba
B：Google
C：Yahoo!
D：Baidu

第40問

Q：次の図は何の画面か。最も適切な語句をABCDの中から1つ選びなさい。

A：ドリームウィーバー
B：ホームページビルダー
C：テキストエディタ
D：ワードプレス

第41問

Q：ナビゲーションがSEOにおいて果たす役割について最も正しい記述をABCDの中から1つ選びなさい。

A：サイトを訪問したユーザーが受動的に与えられたコンテンツを見るようになる
B：サイトを訪問したユーザーにサイト運営者が見せたいコンテンツを見せて誘導することができる
C：サイトを訪問したユーザーがそのサイトにどのようなコンテンツがあるのかを知ることができる
D：サイトを訪問したユーザーが他のページも見てくれるようになりサイト滞在時間が伸びる

第42問

Q：次の文中の空欄[　]に入る最も適切な語句をABCDの中から1つ選びなさい。

[　]の代表的な種類としてはPHP、Perlなどがあり、多くのWebサイトのショッピングカートや予約システム、検索システム、フォームなどで利用されている。

A：JavaScript
B：CGI
C：CSS
D：HTML

第43問

Q：IPアドレスの本質的な意味はどれか。最も適切なものをABCDの中から1つ選びなさい。

A：サーバ会社
B：住所番号
C：管理番号
D：サーバ格納場所

第44問

Q：次の文中の空欄［　］に入る最も適切な語句をABCDの中から1つ選びなさい。

サイト内の内部リンク構造を最適化する重要ポイントの1つは、上位表示を目指すページから［　］にリンクを張るということがある。

A：カテゴリページ
B：自社サイト全体のテーマと関連性の高いページ
C：重複性の高いページ
D：そのページと関連性の高いページ

第45問

Q：次の文中の空欄［　］に入る最も適切な語句をABCDの中から1つ選びなさい。

［　］だけが急に増えてそれに伴ったアクセス数が増えない場合はそのリンクは不正なSEO目的だけのリンクではないかとGoogleは疑うようになる。

A：コンテンツ量
B：被リンク数
C：クリック率
D：広告からの流入

第46問

Q：次の文中の空欄［　］に入る最も適切な語句をABCDの中から1つ選びなさい。

HTMLでは、文書の一部を［　］で挟まれた「タグ」と呼ばれる特別な文字列で囲うことにより、文章の構造や修飾についての情報を文書に埋め込んで記述することができる。

A："<"と">"
B："["と"]"
C："("と")"
D："#"と"#"

第47問

Q：Facebookについて正しい記述をABCDの中から1つ選びなさい。

A：個人用Facebookをビジネスとして使うことは特別な許可があれば問題ない
B：個人用Facebookをビジネスとして使うことは時々ならば許される
C：個人用Facebookをビジネスとして使うことはできる
D：個人用Facebookをビジネスとして使うことは禁じられている

第48問

Q：次の文中の空欄[　]に入る最も適切な語句をABCDの中から1つ選びなさい。

サイテーション（Citation）とは学術論文の[　]のことを意味する。

A：コンテンツ
B：原理
C：言及
D：テーマ

第49問

Q：次の文中の空欄[　]に入る最も適切な語句をABCDの中から1つ選びなさい。

今日では日本国内の検索市場の[　]近くのシェアをGoogleは獲得することになり検索エンジンの代名詞とも言える知名度を獲得した。

A：90パーセント
B：70パーセント
C：100パーセント
D：80パーセント

第50問

Q：次の文中の空欄[　]に入る最も適切な語句をABCDの中から1つ選びなさい。

検索エンジンで上位表示することだけを考え上位表示を目指すキーワードを詰め込んだWebページが増えるようになった。その結果、同じキーワードがむやみに書かれているユーザーにとって見にくいWebページがGoogleで上位表示する現象が増えるようになった。この問題に対応するためのアルゴリズム更新は[　]と呼ばれている。

A：ペナルティアップデート
B：パンダアップデート
C：ヴェニスアップデート
D：ペンギンアップデート

第51問

Q：次の文中の空欄[　]に入る最も適切な語句をABCDの中から1つ選びなさい。

ロボット型検索エンジンの検索結果上に表示される内容はロボットが独自の[　]でWebサイトやWebページの内容から抽出した情報である。

A：方式
B：アルゴリズム
C：編集方針
D：システム

第52問

Q：次のキーワードのうち最もミドルキーワードの可能性が高いものはどれか。ABCD
の中から1つ選びなさい。

A：印鑑

B：角印

C：法人印鑑

D：法人印鑑　角印

第53問

Q：次の文中の空欄[　]に入る最も適切な語句をABCDの中から1つ選びなさい。

SEOが生まれたばかりの1990年代後半に比べて年々[　]の比率は増えてきており日
本国内でも数年遅れでこの傾向に近づくようになっている。

A：コンテンツSEO

B：リンクSEO

C：アウトソーシングSEO

D：インハウスSEO

第54問

Q：次の文中の空欄[　]に入る最も適切な語句をABCDの中から1つ選びなさい。

最初に投資をすべきは自社サイトの[　]とそれをより多くの見込み客に知ってもらうた
めのSEOである。それが成功すればそのコンテンツは世の中に必要とされているとい
うことが実証されたことになる。

A：コンテンツの充実

B：ソーシャルメディア対策

C：リンク対策

D：オウンドメディアの充実

第55問

Q：LINE公式アカウント(旧 LINE@)について正しい記述をABCDの中から1つ選
びなさい。

A：LINE公式アカウントの投稿数を増やすとお友達登録者数が増えてそれがSEO
　　にプラスになる

B：LINE公式アカウントのお友達登録者数が増えると上位表示に必ずプラスになる

C：LINE公式アカウントのお友達登録者数が増えても上位表示に必ずプラスになる
　　とはいえない

D：LINE公式アカウントのSEO効果とFacebookのSEO効果は同じである

第56問

Q：国を示す部分はwww.bbbbb.co.jpのうちどれか。該当する部分をABCDの中から1つ選びなさい。

A：bbbbb

B：jp

C：co

D：www

第57問

Q：次の文中の空欄[　]に入る最も適切な語句をABCDの中から1つ選びなさい。

検索エンジン本来の役割とは[　]の順位を高くすることである。

A：質が高い被リンクが多いサイト

B：クエリと関連性の高いサイト

C：情報が豊富なサイト

D：新規性と信頼性が高いサイト

第58問

Q：次の文中の空欄[　]に入る最も適切な語句をABCDの中から1つ選びなさい。

検索エンジンで上位表示をするためにはコンテンツの[　]必要がある。

A：量を増やす

B：量を競合他社に比べて増やす

C：種類を競合他社に比べて増やす

D：種類を増やす

第59問

Q：WWWが始まったばかりの初期のWebサイトのトップページはどのようなものであったか。最も適切なものをABCDの中から1つ選びなさい。

A：複雑な構造で一般的なネットユーザーによっては非常にわかりにくいページだった

B：画像や動画がなく、視認性が低いページだった

C：装飾がほとんどなくシンプルな画像とテキスト、テキストリンクで作られたインデックスとして作られたページだった

D：装飾がほどこされたデザイン性が高い画像が散りばめられたページだった

第60問

Q：次の文中の空欄[　]に入る最も適切な語句をABCDの中から1つ選びなさい。

ロボット型検索エンジンはWebページとWebページの間に張られた[　]を辿ることによってWebサイトを自動的に検出してスキャンしてインデックスする。

A：クローラー

B：キーワード

C：リンク

D：トラフィック

第61問

Q：Googleがリンクを評価するときに最も重視している2つのポイントをABCDの中から1つ選びなさい。

A：数と独自性

B：質と量

C：量と独自性

D：数と質

第62問

Q：次の文中の空欄[　]に入る最も適切な語句をABCDの中から1つ選びなさい。

なぜ、被リンク元の増加率をGoogleが見るのかというと[　]アップデートが実施された2012年以前までのSEOではとにかく被リンク元の数を増やせば検索順位が上がっていた傾向が非常に高かったため、急激に被リンク元が増える理由は過度なSEOをしている証拠になることがあったからである。

A：モバイル

B：ヴェニス

C：パンダ

D：ペンギン

第63問

Q：世界で初めて使われたブラウザの名前は何か。最も適切な語句をABCDの中から1つ選びなさい。

A：Chrome

B：Mosaic

C：Internet Explorer

D：Netscape Navigator

第64問

Q：次の文中の空欄[　]に入る最も適切な語句をABCDの中から1つ選びなさい。

[　]の1つ目の重要ポイントは検索ユーザーがどのようなキーワードで検索しているかを知ることである。

A：企画・人気要素

B：外部要素

C：技術要素

D：内部要素

第65問

Q：次の文中の空欄[　]に入る最も適切な語句をABCDの中から1つ選びなさい。

テーマを1つに絞り込んだ[　]は上位表示しやすい傾向が高い。

A：専門サイト

B：特殊サイト

C：総合サイト

D：重複サイト

第66問

Q：次の文中の空欄［　］に入る最も適切な語句をABCDの中から1つ選びなさい。

キーワード出現頻度には：(1)ページ内キーワード出現頻度(2)［　］のキーワード出現頻度の2つの側面があり、上位表示を目指すWebページ内のキーワード出現頻度を最適化するだけで順位が上がることもある。

A：メタディスクリプション全体
B：カテゴリ全体
C：サイト全体
D：タイトルタグ全体

第67問

Q：次の文中の空欄［　］に入る最も適切な語句をABCDの中から1つ選びなさい。

［　］はピンボード風の写真共有ウェブサイトで、ユーザーはイベントや趣味などを テーマ別の画像コレクションを作成し、管理することができるソーシャルメディアである。

A：Kinderest
B：Pinterest
C：Interest
D：PingBoard

第68問

Q：次の文中の空欄［　］に入る最も適切な語句をABCDの中から1つ選びなさい。

CMSはブログを更新する感覚でブラウザ上の管理画面上で文章を書き、画像を張り付けWebページを作ることができる。CMSは［　］の知識がない担当者でもWebサイトのコンテンツを増やすことができることから急速に普及した。

A：SEO
B：Web制作
C：アクセス解析
D：ネット接続

第69問

Q：次の文中の空欄[A]と[B]に入る最も適切な組み合わせをABCDの中から1つ選びなさい。

[A]のほうが[B]よりも高く評価され上位表示に貢献する。

A：[自然なリンク] [不自然リンク]
B：[発リンク] [被リンク]
C：[陰性リンク] [陽性リンク]
D：[規則的なリンク] [不規則なリンク]

第70問

Q：次の文中の空欄[　]に入る最も適切な語句をABCDの中から1つ選びなさい。

Googleがその創業時期から高く評価する情報は[　]に記述されたテキスト（文言）情報である。

A：メタタグ

B：タイトルタグ

C：ALTタグ

D：アンカータグ

第71問

Q：次の文中の空欄[　]に入る最も適切な語句をABCDの中から1つ選びなさい。

[　]ためには検索ユーザーが検索結果ページ上にあるリンクをクリックして訪問したランディングページから関連性の高いページにわかりやすくリンクを張ることが必要である。

A：サイト滞在時間を伸ばす

B：サイトの検索結果上のクリック率を高める

C：サイトの認識率を高める

D：サイトの独自性を高める

第72問

Q：次の文中の空欄[　]に入る最も適切な語句をABCDの中から1つ選びなさい。

[　]はWebサイトがどのくらいのユーザーに実際に閲覧されているかサイトのトラフィック量（アクセス数）をGoogleが直接的、間接的に測定しており特定のWebサイトの検索順位が上がるというメカニズムである。

A：技術要素

B：内部要素

C：企画・人気要素

D：外部要素

第73問

Q：次の文中の空欄[　]に入る最も適切な語句をABCDの中から1つ選びなさい。

検索エンジンからWebサイトを訪問するユーザーが最初に目にするWebページのことを[　]ページと呼ぶ。

A：トップ

B：カテゴリ

C：ランディング

D：サブ

第74問

Q：ISPの意味は何か。ABCDの中から1つ選びなさい。

A：Information Service Professionals
B：Information Supply Party
C：International Service Protocols
D：Internet Service Provider

第75問

Q：次の文中の空欄[　]に入る最も適切な語句をABCDの中から1つ選びなさい。

Googleの検索結果には通常Webページの[　]内に書かれた文言がそのまま表示される。

A：H1タグ(1行目)
B：メタキーワーズ
C：タイトルタグ
D：アンカータグ

第76問

Q：次の文中の空欄[　]に入る最も適切な語句をABCDの中から1つ選びなさい。

検索ユーザーが求めるコンテンツの提供者として自社[　]名が浸透することは検索ユーザーの一部がやがて購入を検討するときに自社[　]に対して信頼感を抱いてくれることになりその後の成約率アップに貢献することになる。

A：ブランド
B：コンテンツ
C：サイト
D：ページ

第77問

Q：次の文中の空欄[　]に入る最も適切な語句をABCDの中から1つ選びなさい。

購入検索とはモノやサービスを購入するときに検索するキーワードで例としては「ノートパソコン　通販」、「相続　弁護士　大阪」などのキーワードがあり、[　]に次いで2番目に成約率が高く経済価値が高いキーワードである。

A：指名検索
B：情報検索
C：名称検索
D：一般検索

第78問

Q：次の文中の空欄[　]に入る最も適切な語句をABCDの中から1つ選びなさい。

[　]の特徴は、特別な開発環境は必要とせず、HTMLファイルに書き込むだけで簡単に実行できることである。そしてそれは主にマウスの動きにあわせてデザインが変化する動作や、単純な計算などを実現することができる。

A：GUIスクリプト

B：PerlScript

C：Java

D：JavaScript

第79問

Q：共用ドメインを使うデメリットに該当しないものは次のうちどれか。ABCDの中から1つ選びなさい。

A：ドメイン名の所有権を持つことができない

B：日本語ドメインを使用することができない

C：自由にドメイン名を決めることができない

D：借り先が倒産したり事業を休止するときには使用ができなくなる

第80問

Q：次の文中の空欄[　]に入る最も適切な語句をABCDの中から1つ選びなさい。

アップル社も独自の検索エンジンを2015年に立ち上げて[　]という検索機能の強化とパーソナルアシスタントのSiriの機能強化のために役立てている。

A：Bing

B：Infoseek

C：Spotlight

D：Alexa

AJSA 一般社団法人全日本SEO協会 All Japan SEO Association

2021-2022

SEO検定（4）級 試験解答用紙

フリガナ

氏　名

【試験時間】60分
【合格基準】得点率80%以上

【注意事項】
1、受験する級の数字を（ ）内に入れてください。
2、氏名とフリガナを記入して下さい。
3、解答欄から答えを一つ選び黒く塗りつぶして下さい。
4、訂正は消しゴムで消してから正しい番号を記入して下さい。
5、携帯電話、タブレット、PC、その他のデジタル機器の使用、書籍類、紙等の使用は一切禁止です。試験前に必ず電源を切りって下さい。
6、解答中不適切な行為がある試験官が判断した場合は退席して頂きます。その場合試験は終了になります。
7、解答が終わったらいつでも退席出来ます。但し、退席される時は解答用紙と問題用紙を渡してください。
8、退席する時は解答用紙に解答用紙と問題用紙を渡してください。
9、解答用紙を試験官に渡したらその後試験の継続は出来ません。10、同日開催される他の試験を受験する方は開始時刻の10分前までに試験会場に戻ってください。
【合否発表】合否通知は試験日より14日以内に郵送します。合格者には同時に認定証も郵送します。

解答欄		解答欄		解答欄		解答欄		解答欄		解答欄	
1	A B C D	15	A B C D	29	A B C D	43	A B C D	57	A B C D	71	A B C D
2	A B C D	16	A B C D	30	A B C D	44	A B C D	58	A B C D	72	A B C D
3	A B C D	17	A B C D	31	A B C D	45	A B C D	59	A B C D	73	A B C D
4	A B C D	18	A B C D	32	A B C D	46	A B C D	60	A B C D	74	A B C D
5	A B C D	19	A B C D	33	A B C D	47	A B C D	61	A B C D	75	A B C D
6	A B C D	20	A B C D	34	A B C D	48	A B C D	62	A B C D	76	A B C D
7	A B C D	21	A B C D	35	A B C D	49	A B C D	63	A B C D	77	A B C D
8	A B C D	22	A B C D	36	A B C D	50	A B C D	64	A B C D	78	A B C D
9	A B C D	23	A B C D	37	A B C D	51	A B C D	65	A B C D	79	A B C D
10	A B C D	24	A B C D	38	A B C D	52	A B C D	66	A B C D	80	A B C D
11	A B C D	25	A B C D	39	A B C D	53	A B C D	67	A B C D		
12	A B C D	26	A B C D	40	A B C D	54	A B C D	68	A B C D		
13	A B C D	27	A B C D	41	A B C D	55	A B C D	69	A B C D		
14	A B C D	28	A B C D	42	A B C D	56	A B C D	70	A B C D		

SEO検定4級
試験問題
（2021年7月・大阪）

※解答は182ページ参照

第1問

Q：次の図は何の画面か。最も適切な語句をABCDの中から1つ選びなさい。

A：ロボット型検索エンジン
B：インデックス型検索エンジン
C：ディレクトリ型検索エンジン
D：クローラー型検索エンジン

第2問

Q：URLは何の略か。最も適切なものをABCDの中から1つ選びなさい。

A：Union Resource Location
B：Uniform Resource Locator
C：Universal Resource Locator
D：Uniform Resource Location

第3問

Q：次の文中の空欄[　]に入る最も適切な語句をABCDの中から1つ選びなさい。

SEOの意義の2つ目は自社の知名度を上げて[　]を可能にすることである。検索ユーザーが求めるコンテンツを予測して自社サイトに掲載しSEOを実施する。このサイクルを繰り返すことにより自社サイトのコンテンツが何度も検索ユーザーの目に触れるようになる。

A：ターゲティング
B：ランディング
C：ブランディング
D：コンテンツマーケティング

第4問

Q：次の文中の空欄 [　] に入る最も適切な語句をABCDの中から1つ選びなさい。

需要のあるコンテンツを提供してそれに対してSEOを行うことは企業の知名度を高めるための [　] 活動に直結し資本の少ない中小企業でもインターネットを活用した集客活動が可能になる。

A：PR

B：ターゲティング

C：マーケティング

D：企業

第5問

Q：次の文中の空欄 [　] に入る最も適切な語句をABCDの中から1つ選びなさい。

Googleの検索結果には通常Webページの [　] 内に書かれた文言がそのまま表示される。

A：タイトルタグ

B：H1タグ(1行目)

C：メタキーワーズ

D：メタタグ

第6問

Q：文書構造を示すタグではないものはどれか。ABCDの中から1つ選びなさい。

A：<p>

B：<h3>

C：<a>

D：<ul>

第7問

Q：次の文中の空欄 [　] に入る最も適切な語句をABCDの中から1つ選びなさい。

Webサイトは事務所内や自宅にWebサイトを格納する [　] を構築する必要があり誰でも簡単に開設できるようなものではなかった。

A：IPアドレス

B：ドメイン

C：サーバー

D：ブラウザ

第8問

Q：次の文中の空欄[　]に入る最も適切な語句をABCDの中から1つ選びなさい。

[　]はAdobe社が買収して以来、Adobe社の他の人気ソフトであるPhotoshopやイラストレーターなどと一緒に提供されるようになり今日ではWeb制作のプロの多くが使うようになった。

A：Fireworks

B：Dreamweaver

C：ホームページビルダー

D：ホームページメーカー

第9問

Q：次のキーワードのうち最もミドルキーワードの可能性が高いものはどれか。ABCDの中から1つ選びなさい。

A：法人印鑑

B：角印

C：法人印鑑　角印

D：印鑑

第10問

Q：次の文中の空欄[　]に入る最も適切な語句をABCDの中から1つ選びなさい。

急激に被リンク元が増えること自体には問題はない。しかし、その場合単に被リンク元が急激に増えるだけではなく、同時にその[　]も比例して増えるはずである。

A：リンクを販売する企業の数

B：リンクをクリックして訪問するユーザー

C：ソーシャルメディアからの流入数

D：リンクを評価する第三者の数

第11問

Q：次の文中の空欄[　]に入る最も適切な語句をABCDの中から1つ選びなさい。

今日では日本国内の検索市場の[　]近くのシェアをGoogleは獲得することになり検索エンジンの代名詞とも言える知名度を獲得した。

A：100パーセント

B：90パーセント

C：70パーセント

D：80パーセント

第12問

Q：ISPの役割について最も適切な説明をABCDの中から1つ選びなさい。

A：誰でも気軽にソーシャル・ネットワーキング・サービスが利用できるようなサポートサービスを提供している

B：IPアドレスとドメインネームの提供をしてインターネットの住所を管理し交通整理をしている

C：ネットワークの技術的な知識がなくても低コストでネット接続ができるサービスを提供している

D：Webサイトを収納するためのサーバーを企業や公共団体などに貸している

第13問

Q：H1タグについて正しい記述をABCDの中から1つ選びなさい。

A：H1タグは大見出しのことである

B：H1タグには120文字まで文章を入れることができる

C：H1タグに目標キーワードを入れても上位表示しない

D：H1タグは各ページに2回まで書いてよい

第14問

Q：次の文中の空欄[　]に入る最も適切な語句をABCDの中から1つ選びなさい。

[　]に対応するためには、上位表示を目指すページ内に、クエリと関連性のある情報が十分あるかを確認して、少なかったら増やし、クエリと直接、関連性のない情報があったらそれらを削減するという対策が有効であるということが数々の実験と検証の結果明らかになった。

A：BERTアップデート

B：ローカルアップデート

C：アルゴアップデート

D：コアアップデート

第15問

Q：次の文中の空欄[　]に入る最も適切な語句をABCDの中から1つ選びなさい。

サイテーション（Citation）とは学術論文の[　]のことを意味する。

A：言及

B：コンテンツ

C：テーマ

D：原理

第16問

Q：サイト内の内部リンク構造の最適化の重要ポイントではないものをABCDの中から1つ選びなさい。

A：他社サイトからのトラフィック
B：画像のALT属性
C：わかりやすいナビゲーション
D：関連性の高いページへのサイト内リンク

第17問

Q：Webページを構成する技術要素として当てはまらないものをABCDの中から1つ選びなさい。

A：カテゴリ
B：JavaScript
C：HTML
D：CSS

第18問

Q：次の文字列は何の文字列か?適切な語句をABCDの中から1つ選びなさい。

@charset "utf-8"; @charset "utf-8"; @import url(setting.css); @import url(sidebar.css); @import url(module.css); body { color: #333333;   /*font-family: "MS Pゴシック", Osaka, sans-serif;*/ font-family:'ヒラギノ角ゴ Pro W3','Hiragino Kaku Gothic Pro','MS Pゴシック',sans-serif; font-size: 14px; line-height: 160%; background-color: #ffffff; margin:0; padding:0; word-wrap:break-word; }

A：JavaScript
B：HTML
C：CSS
D：PerlScript

第19問

Q：次の文中の空欄[　]に入る最も適切な語句をABCDの中から1つ選びなさい。

サイトのトップページを「インプラント」で上位表示させることは短期間では実現できないので、インプラントというキーワードの関連キーワードをGoogleキーワードプランナーで調べて「前歯 インプラント 値段」などのような比較的上位表示しやすい[　]での上位表示を初期の目標にするのが現実的である。

A：ミドルキーワード
B：ビッグキーワード
C：ミディアムキーワード
D：スモールキーワード

第20問

Q：次の文中の空欄[　]に入る最も適切な語句をABCDの中から1つ選びなさい。

Googleは創業以来、[　]を検索順位決定のための重要な手がかりにしてきた。

A：外部ドメインのサイトからのリンク

B：メタキーワーズに記述されている内容

C：サイトが収容されているサーバの所在地

D：ドメインネームの所有者情報

第21問

Q：次の文中の空欄[　]に入る最も適切な語句をABCDの中から1つ選びなさい。

Googleは[　]の実施以前はほとんど野放しだった不正リンクに対して断固たる処置を取るようになった。

A：パンダアップデート

B：ペンギンアップデート

C：アルゴリズムアップデート

D：ヴェニスアップデート

第22問

Q：次の文中の空欄[　]に入る最も適切な語句をABCDの中から1つ選びなさい。

SEO技術の3大要素の2つ目の要素は内部要素である。内部要素とはサイト内部の要素のことであり、内部要素には[　]の2つの要因がある。

A：コンテンツ要因とキーワード要因

B：技術要因とキーワード要因

C：技術要因とコンテンツ要因

D：コンテンツ要因とトラフィック要因

第23問

Q：次の文中の空欄[　]に入る最も適切な語句をABCDの中から1つ選びなさい。

SEOが生まれたばかりの1990年代後半に比べて年々[　]の比率は増えてきており日本国内でも数年遅れでこの傾向に近づくようになっている。

A：アウトソーシングSEO

B：リンクSEO

C：コンテンツSEO

D：インハウスSEO

第24問

Q：次の文中の空欄[ ]に入る最も適切な語句をABCDの中から1つ選びなさい。

[ ]ページは、index.htmlなどのように、URL中に指定されたhtmlなどのデータが変化することなくそのまま送信される方式のWebページのことを言う。

A：動的

B：公的

C：私的

D：静的

第25問

Q：次の文中の空欄[ ]に入る最も適切な語句をABCDの中から1つ選びなさい。

検索エンジン本来の役割とは[ ]の順位を高くすることである。

A：質が高い被リンクが多いサイト

B：クエリと関連性の高いサイト

C：情報が豊富なサイト

D：新規性と信頼性が高いサイト

第26問

Q：次の文中の空欄[ ]に入る最も適切な語句をABCDの中から1つ選びなさい。

キーワード出現頻度には：(1)ページ内キーワード出現頻度(2)[ ]のキーワード出現頻度の2つの側面があり、上位表示を目指すWebページ内のキーワード出現頻度を最適化するだけで順位が上がることもある。

A：サイト全体

B：メタディスクリプション全体

C：タイトルタグ全体

D：カテゴリ全体

第27問

Q：次の文中の空欄[ ]に入る最も適切な語句をABCDの中から1つ選びなさい。

直接的にすぐに売上につながらないキーワードだが、サイトのアクセス数を増やしGoogleによるサイト全体の評価を高めるためには欠かすことのできないキーワードを[ ]という。

A：名称検索

B：情報検索

C：指名検索

D：購入検索

第28問

Q：モバイル用タグはどれか。ABCDの中から1つ選びなさい。

A：rel=nofollow

B：robots no index

C：canonical

D：viewport

第29問

Q：日本人の多くがホームページと呼ぶものは英語圏の国では何と呼ばれているか。最も適切な語句をABCDの中から1つ選びなさい。

A：表紙

B：Webサイト

C：WWW

D：インターネット

第30問

Q：次の文中の空欄[　]に入る最も適切な語句をABCDの中から1つ選びなさい。

[　]は写真共有ウェブサイトで、ユーザーはイベントや趣味などを テーマ別の画像コレクションを作成し、管理することができるソーシャルメディアである。

A：Kinderest

B：Pinterest

C：Interest

D：PingBoard

第31問

Q：次の文中の空欄[　]に入る最も適切な語句をABCDの中から1つ選びなさい。

[　]は、C言語に似た表記法を採用している。既存の言語の欠点を踏まえて一から設計された言語であり、強力なセキュリティ機構や豊富なネットワーク関連の機能が標準で用意されており、ネットワーク環境で利用されることを強く意識した仕様である。

A：PerlScript

B：JavaScript

C：PHP

D：Java

第32問

Q：ドメイン所有者がドメイン購入後に自由に決めることができるのはwww.bbbbb.co.jpのうちどれか。該当する部分をABCDの中から1つ選びなさい。

A：co

B：bbbbb

C：www

D：jp

第33問

Q：次の文中の空欄[　]に入る最も適切な語句をABCDの中から1つ選びなさい。

[　]により安易に他のドメインのWebサイトから情報をコピーしたり、自社サイト内にある文章を安易に他のWebページで使い回すことが上位表示にマイナスになるという認識が広がり、コンテンツの品質に対して注意を払うことが重要な課題になった。

A：ヴェニスアップデート
B：アルゴリズム更新
C：パンダアップデート
D：ペンギンアップデート

第34問

Q：共用ドメインを使うデメリットに該当しないものは次のうちどれか。ABCDの中から1つ選びなさい。

A：ドメイン名の所有権を持つことができない
B：自由にドメイン名を決めることができない
C：借り先が倒産したり事業を休止するときには使用ができなくなる
D：日本語ドメインを使用することができない

第35問

Q：次の文中の空欄[　]に入る最も適切な語句をABCDの中から1つ選びなさい。

近年多くの企業を悩ませているのが新規客を集客するために検索結果ページに表示される[　]の費用増加である。

A：ターゲティング広告
B：リスティング広告
C：リターゲティング広告
D：バナー広告

第36問

Q：Googleの公式な情報ではないものをABCDの中から1つ選びなさい。

A：SEOツール
B：検索品質評価ガイドライン
C：ウェブマスター向けガイドライン
D：Googleウェブマスター向け公式ブログ

第37問

Q：次の文中の空欄[　]に入る最も適切な語句をABCDの中から1つ選びなさい。

[　]というのはユーザーにクリックされているリンクのことで通常、[　]はページ内の比較的目立つ部分にある。

A：不正リンク
B：陽性リンク
C：画像リンク
D：陰性リンク

第38問

Q：次の文中の空欄[　]に入る最も適切な語句をABCDの中から1つ選びなさい。

[　]とは、非同期通信を利用してデータを取得したり、動的にWebページの内容を書き換える技術のことです。これを取り入れるとバックグラウンドでサーバと非同期通信することができページを切り替えることなくWebページ上で動作を実現できる。

A：ASP

B：Alpha

C：Aref

D：Ajax

第39問

Q：次の文中の空欄[　]に入る最も適切な語句をABCDの中から1つ選びなさい。

コンテンツ要因というはコンテンツの[　]、特にコンテンツの独自性があるかどうかという情報の品質面の要因です。

A：数と内容

B：量と内容

C：質と形

D：量と質

第40問

Q：次の図は何の画面か。最も適切な語句をABCDの中から1つ選びなさい。

A：海外のSEO団体公式サイト

B：海外のGoogle公式情報

C：海外のSEOカンファレンス

D：海外のSEOニュースサイト

第41問

Q：次の文中の空欄[　]に入る最も適切な語句をABCDの中から1つ選びなさい。

WWWが始まったばかりの初期のWebサイトのトップページはインデックスのようにWebサイトの中にどのようなWebページがあるかが一目でわかる[　]のような作りだった。

A：新聞の見出し

B：雑誌の表紙

C：チラシ広告

D：目次

第42問

Q：次の文中の空欄[　]に入る最も適切な語句をABCDの中から1つ選びなさい。

ロボット型検索エンジンのメリットの1つは定期的に[　]がインターネットを巡回することで比較的新しいWebページが登録されていることである。

A：クローラーロボット

B：エディター

C：アルゴリズム

D：AI

第43問

Q：次のうちどれが「工務店　横浜」というキーワードでGoogleで最も上位表示する可能性が高いか。ABCDの中から1つ選びなさい。

A：「工務店」が複数書かれていて「横浜」が書かれていない

B：「工務店」が複数書かれていて「横浜」と「川崎」がそれぞれ複数書かれている

C：「工務店」が書かれていなくて「横浜」が複数書かれている

D：「工務店」が複数書かれていて「横浜」が1回書かれている

第44問

Q：次の文中の空欄[　]に入る最も適切な語句をABCDの中から1つ選びなさい。

検索ユーザーがどのようなキーワードを検索しているかを知る方法はいくつかありますが最もポピュラーな方法が[　]の活用です。

A：Googleサーチコンソール

B：Googleキーワードプランナー

C：Googleキーワードソフト

D：Googleキーワードツール

第45問

Q：次の文中の空欄[　]に入る最も適切な語句をABCDの中から1つ選びなさい。

サーチクオリティチームはGoogle General Guidelinesという[　]に基づいてそうしたアルゴリズムだけでは判定できない不正行為を審査している。

A：コンテンツ

B：基準

C：品質ガイドライン

D：ポリシー

第46問

Q：次の文中の空欄[　]に入る最も適切な語句をABCDの中から1つ選びなさい。

[　]の実施は「世界中のすべてのものを検索可能にする」というGoogleの創業者であるラリー・ペイジとサーゲイ・ブリンの創業時のビジョンを具現化するものである。

A：ユニバーサルサーチ
B：ワールドサーチ
C：バーティカルサーチ
D：ホーリゾンタルサーチ

第47問

Q：次の文中の空欄[　]に入る最も適切な語句をABCDの中から1つ選びなさい。

[　]キーワードは検索ユーザーが自分の問題を解決するための商品、またはサービスを見つけるための検索キーワードなのでそれはそのまま「儲かるキーワード」になることが多く、非常に競争率の高いキーワードであることがほとんどである。

A：情報検索
B：名称検索
C：指名検索
D：購入検索

第48問

Q：DNSは何の略か。最も適切なものをABCDの中から1つ選びなさい。

A：Domain Number System
B：Data Name Server
C：Data Number System
D：Domain Name System

第49問

Q：次の文中の空欄[　]に入る最も適切な語句をABCDの中から1つ選びなさい。

リンク先の内容をGoogleに明確に認識してもらうために[　]には手がかりとなるキーワードを含めるようにするとよい。

A：隠しテキスト
B：アンカーテキスト
C：テキストマッチ
D：ALTテキスト

第50問

Q：次の文中の空欄[　]に入る最も適切な語句をABCDの中から1つ選びなさい。

タイトルタグというのはHTMLページの比較的[　]の方に記述されているそのページの内容を指し示すタグである。

A：全体

B：上

C：中間

D：下

第51問

Q：次の文中の空欄[　]に入る最も適切な語句をABCDの中から1つ選びなさい。

特定の分野で[　]企業や団体のサイトや、たくさんのファンを抱える人気サイトはその分野で権威があるサイトである。

A：多くの業界関係者に支持されている

B：多くのサイトに支持されている

C：多くの評論家に支持されている

D：多くのユーザーに支持されている

第52問

Q：次の文中の空欄[　]に入る最も適切な語句をABCDの中から1つ選びなさい。

サイトのテーマがはっきりせずにさまざまなテーマのWebページをWebサイトに掲載すると[　]の検索順位が上がりにくくなる。

A：ランディングページ

B：キーワード

C：トップページ

D：Webサイト

第53問

Q：次の文中の空欄[　]に入る最も適切な語句をABCDの中から1つ選びなさい。

[　]は、WWWサーバの中で外部プログラムを実行するための仕組みを意味する。
[　]は、ブラウザからのアクセスによってWWWサーバ内でプログラムが実行され、その結果がブラウザへ返されるという仕組みになっている。

A：CGI

B：CTO

C：CSS

D：CEO

第54問

Q：次の文中の空欄[　]に入る最も適切な語句をABCDの中から1つ選びなさい。

Googleが提供している企業・団体用のソーシャルメディアは[　]と呼ばれている。記事を投稿しそこから自社サイトにリンクを張ることにより自社サイトのトラフィックが増えることが期待できる。

A：Googleマイソーシャル

B：Google+

C：Googleマイショップ

D：Googleマイビジネス

第55問

Q：次の文中の空欄[　]に入る最も適切な語句をABCDの中から1つ選びなさい。

近年上位表示に貢献する外部要素としては[　]という新しい要因が重要性を増してきた。

A：被リンクと発リンク

B：コンテンツ

C：ソーシャルメディア

D：技術要因

第56問

Q：次の文中の空欄[　]に入る最も適切な語句をABCDの中から1つ選びなさい。

HTMLとは、Webページを記述するためのマークアップ言語です。文書の論理構造や表示の仕方などを記述することができるもので世界統一規格を管理する[　]によって標準化されている。

A：W1C

B：W3C

C：W2C

D：W4C

第57問

Q：次の文中の空欄[　]に入る最も適切な語句をABCDの中から1つ選びなさい。

インターネットの原始的な形態は4つの[　]の大型コンピューターを相互に接続するという小規模なネットワークだった。

A：大学

B：公共団体

C：政府

D：企業

第58問

Q：次の文中の空欄[　]に入る最も適切な語句をABCDの中から1つ選びなさい。

検索ユーザーが求めるコンテンツであるかどうかを判断する第一の条件は[　]である。

A：コンテンツの独自性
B：コンテンツの周囲のタグ
C：コンテンツの提供者
D：コンテンツのテーマ

第59問

Q：SEOにおいて、コンテンツの質には3つの意味がある。最も適切な組み合わせをABCDの中から1つ選びなさい。

A：人気度・正確性・明瞭性
B：独自性・人気度・信頼性
C：人気度・権威性・周囲のタグ
D：独自性・人気度・周囲のタグ

第60問

Q：次の文中の空欄[　]に入る最も適切な語句をABCDの中から1つ選びなさい。

[　]はWebサイトがどのくらいのユーザーに実際に閲覧されているかサイトのトラフィック量（アクセス数）をGoogleが直接的、間接的に測定しており特定のWebサイトの検索順位が上がるというメカニズムである。

A：企画・人気要素
B：内部要素
C：外部要素
D：技術要素

第61問

Q：LINE公式アカウントのSEOにおける効用は何か。ABCDの中から1つ選びなさい。

A：自社サイトにリンクを張ることにより自社サイトのトラフィックが増えること
B：自社サイトにリンクを張ることにより自社サイトの被リンク元が増えること
C：自社サイトと共同企画を実施することにより自社サイトの人気が高まること
D：自社サイトと同じコンテンツを増やすことにより自社サイトの閲覧数が増えること

第62問

Q：次の文中の空欄[　]に入る最も適切な語句をABCDの中から1つ選びなさい。

URLの構成要素であるディレクトリ名は[　]とも呼ばれることがある。

A：スキーム名
B：拡張子
C：ファイル名
D：フォルダ名

第63問

Q：次の文中の空欄[　]に入る最も適切な語句をABCDの中から1つ選びなさい。

購入検索とはモノやサービスを購入するときに検索するキーワードで例としては「ノートパソコン　通販」「相続　弁護士　大阪」などのキーワードがあり、[　]に次いで2番目に成約率が高く経済価値が高いキーワードである。

A：名称検索
B：一般検索
C：指名検索
D：情報検索

第64問

Q：次の文中の空欄[　]に入る最も適切な語句をABCDの中から1つ選びなさい。

特定のサイトへリンクを張っている外部ドメインの数が多ければ多いほどリンクを張られたサイトは[　]なので検索順位が上がるべきだという発想をGoogleは採用してきた。

A：人気があり価値が高いはず
B：ソースが評価されている
C：SEOの基礎理論に適合している
D：独自性があるため価値が高いはず

第65問

Q：次の文中の空欄[　]に入れるのに不適切なものはどれか。ABCDの中から1つ選びなさい。

[　]は内部要素の対策において重要な3大エリアのひとつである。

A：メタキーワーズ
B：H1タグ(1行目)
C：タイトルタグ
D：メタディスクリプション

第66問

Q：次の文中の空欄[　]に入る最も適切な語句をABCDの中から1つ選びなさい。

Googleは伝統的に[　]を順位決定の重要な評価対象としている。[　]というと通常、外部ドメインのサイトから自社サイトへの被リンクだと思いがちだが、実はサイト内にあるページからページへの[　]も非常に注意深く調べて順位決定に役立てている。

A：リンク特性
B：リンク構造
C：被リンク特性
D：発リンク特性

第67問

Q：次の文中の空欄[　]に入る最も適切な語句をABCDの中から1つ選びなさい。

ロボット型検索エンジンはWebページとWebページの間に張られた[　]を辿ることによってWebサイトを自動的に検出してスキャンしてインデックスする。

A：リンク

B：クローラー

C：キーワード

D：トラフィック

第68問

Q：次の文中の空欄[　]に入る最も適切な語句をABCDの中から1つ選びなさい。

[　]という概念はクリス・アンダーソン氏が提唱した経済理論でWebを活用したビジネスにおいては実店舗とは違い在庫経費が少なくて済むため、人気商品ばかりを取り扱わなくてもニッチ商品の多品種少量販売で大きな売り上げ、利益を得ることができるというものである。

A：ロングテール

B：ニッチビジネス

C：オンリーワン

D：フリー

第69問

Q：専門サイトのメリットではないものをABCDの中から1つ選びなさい。

A：サイトテーマが絞りこまれているので上位表示されやすい

B：関心のない情報が少ないのでユーザーにとって見やすく、わかりやすい

C：新しくページを追加すると短期間で上位表示しやすい

D：検索ユーザーがそのとき関心のある情報ばかりがある

第70問

Q：次の文中の空欄[A]と[B]に入る最も適切な組み合わせをABCDの中から1つ選びなさい。

[A]のほうが[B]よりも高く評価され上位表示に貢献する。

A：[陰性リンク][陽性リンク]

B：[自然なリンク][不自然なリンク]

C：[規則的なリンク][不規則なリンク]

D：[発リンク][被リンク]

第71問

Q：SEOにおけるトラフィックの意味はどれか。ABCDの中から1つ選びなさい。

A：クッキー

B：被リンク

C：発リンク

D：アクセス数

第72問

Q：YouTubeに関して正しくない記述をABCDの中から1つ選びなさい。

A：YouTubeはソーシャルメディアである

B：YouTubeはSEOに有効な被リンク元になる

C：YouTubeは動画共有サイトである

D：YouTube活用はSEOに間接的な効果がある

第73問

Q：次のソースの中で画像によるアンカータグはどれか。ABCDの中から1つ選びなさい。

A：<a href="natural-material.html"><img src="images/header_menu04_off.gif" alt="自然素材紹介" border="0"></a>

B：<H1><img src="images/header_menu04_off.gif" alt="自然素材紹介" border="0"></H1>

C：<a href="natural-material.html"><TABLE><TABLE/></a>

D：<TITLE><img src="images/header_menu04_off.gif" alt="自然素材紹介" border="0"></TITLE>

第74問

Q：次の文中の空欄[　]に入る最も適切な語句をABCDの中から1つ選びなさい。

Googleが[　]を導入したことによりWebサイトのすべてのページをスマートフォン対応することが急務となった。

A：モバイルデバイスアップデート

B：モバイルインデックス

C：モバイルサイトアップデート

D：モバイルフレンドリーアップデート

第75問

Q：Googleが被リンク元の質を評価する基準として代表的ではないものをABCDの中から1つ選びなさい。

A：自然なリンクかどうか

B：オーソリティ

C：公的なリンクかどうか

D：ページランク

第76問

Q：次の文中の空欄[　]に入る最も適切な語句をABCDの中から1つ選びなさい。

サイト内の内部リンク構造を最適化する重要ポイントの1つは、上位表示を目指すページから[　]にリンクを張るという事がある。

A：重複性の高いページ

B：カテゴリページ

C：そのページと関連性の高いページ

D：自社サイト全体のテーマと関連性の高いページ

第77問

Q：次の文中の空欄[　]に入らない語句をABCDの中から1つ選びなさい。

多くのユーザーが利用する人気のサイトである[　]などのトップページを見ると一定の装飾はあるもののサイトの下層ページにユーザーや検索エンジンロボットがアクセスしやすいように多数のテキストリンクや画像リンクを配したインデックスページになっている。

A：アマゾン

B：価格コム

C：Bing

D：楽天市場

第78問

Q：次の文中の空欄[　]に入る最も適切な語句をABCDの中から1つ選びなさい。

[　]とは、ある目的を達成する為のプログラムの処理手順をいう。SEOにおいては、検索エンジンロジックなどといわれ、検索順位の算定方法を意味する。

A：インデックス

B：スクリプト

C：クロール

D：アルゴリズム

第79問

Q：次の文中の空欄[　]に入る最も適切な語句をABCDの中から1つ選びなさい。

[　]に書く内容は、できる限りページごとに変えるようにして、そのページの要旨を自然な文体で書くようにするべきである。そして特定のページが上位表示を目指すキーワードをそこには自然な形で含めるようにすると上位表示にプラスに働く。

A：メタディスクリプション

B：メタキーワーズ

C：H2タグ

D：H1タグ(1行目)

第80問

Q：次の文中の空欄[　]に入る最も適切な語句をABCDの中から1つ選びなさい。

Googleは比較的最近まで[　]ページは認識できないことがあった。しかし近年になり格段に認識力が向上するようになった。

A：公的

B：私的

C：動的

D：静的

AJSA
一般社団法人全日本SEO協会。
All Japan SEO Association
2021-2022

SEO検定（4）級　試験解答用紙

フリガナ	
氏　名	

【試験時間】60分
【合格基準】得点率80%以上

【注意事項】
1、受験する級の数字を（ ）内に入れてください。
2、氏名とフリガナを記入してください。
3、解答欄から答えを一つ選び黒く塗りつぶしてください。
4、訂正は消しゴムで消してから番号を記入して下さい。
5、携帯電話、タブレット、PC、その他デジタル機器の使用、書籍類、紙等の使用は一切禁止です。試験前に必ず電源を切って下さい。
6、試験中不適切な行為があると試験官が判断した場合は退席して頂きます。その場合は退席出来ます。その場合試験は終了になります。
7、解答が終わっても試験中は退席出来ません。7、解答が終わった方と問題用紙に解答用紙と問題用紙を渡してください。
8、解答用紙は試験官に渡すまで途中退席は出来ません。8、退席する時は試験官に解答用紙と問題用紙を渡してください。
9、解答用紙を試験官に渡したらその後試験の継続は出来ません。10、同日開催される他の試験を受験される方は開始時刻の10分前までに試験会場に戻って
下さい。【合否発表】合否通知は試験日より14日以内に郵送します。合格者には同時に認定証も郵送します。

解答欄（問1～80、各設問A・B・C・Dより1つ選択）

AJSA 一般社団法人全日本SEO協会 All Japan SEO Association
2021-2022

SEO検定（　）級　試験解答用紙

【試験時間】 60分
【合格基準】 得点率80%以上

【注意事項】
1. 受験する級の数字を（　）内に入れて下さい。
2. 氏名とフリガナを記入して下さい。
3. 解答欄から答えを一つ選び黒く塗りつぶして下さい。
4. 訂正は消しゴムで消してから正しい番号を記入して下さい。
5. 携帯電話、タブレット、PC、その他のデジタル機器の使用、書籍類、紙等の使用は一切禁止です。試験前に必ず電源を切って下さい。
試験中不適切な行為があると試験官が判断した場合は退席して頂きます。その場合試験は終了になります。
6. 解答が終わるまで途中退席は出来ません。7. 解答が終わったらいつでも退席出来ます。8. 退席する時は解答用紙に解答用紙と問題用紙を速してして下さい。
9. 解答用紙を試験官に渡したらその後試験の継続は出来ません。10. 同日開催される他の試験を受験する方は試験会場の10分前までに試験会場に戻って下さい。
【合否発表】 合否通知は試験日より14日以内に郵送で発送します。合格者には同時に認定証も郵送します。

フリガナ

氏　名

	解答欄		解答欄		解答欄		解答欄		解答欄
1	(A)(B)(C)(D)	15	(A)(B)(C)(D)	29	(A)(B)(C)(D)	43	(A)(B)(C)(D)	57	(A)(B)(C)(D)	71	(A)(B)(C)(D)
2	(A)(B)(C)(D)	16	(A)(B)(C)(D)	30	(A)(B)(C)(D)	44	(A)(B)(C)(D)	58	(A)(B)(C)(D)	72	(A)(B)(C)(D)
3	(A)(B)(C)(D)	17	(A)(B)(C)(D)	31	(A)(B)(C)(D)	45	(A)(B)(C)(D)	59	(A)(B)(C)(D)	73	(A)(B)(C)(D)
4	(A)(B)(C)(D)	18	(A)(B)(C)(D)	32	(A)(B)(C)(D)	46	(A)(B)(C)(D)	60	(A)(B)(C)(D)	74	(A)(B)(C)(D)
5	(A)(B)(C)(D)	19	(A)(B)(C)(D)	33	(A)(B)(C)(D)	47	(A)(B)(C)(D)	61	(A)(B)(C)(D)	75	(A)(B)(C)(D)
6	(A)(B)(C)(D)	20	(A)(B)(C)(D)	34	(A)(B)(C)(D)	48	(A)(B)(C)(D)	62	(A)(B)(C)(D)	76	(A)(B)(C)(D)
7	(A)(B)(C)(D)	21	(A)(B)(C)(D)	35	(A)(B)(C)(D)	49	(A)(B)(C)(D)	63	(A)(B)(C)(D)	77	(A)(B)(C)(D)
8	(A)(B)(C)(D)	22	(A)(B)(C)(D)	36	(A)(B)(C)(D)	50	(A)(B)(C)(D)	64	(A)(B)(C)(D)	78	(A)(B)(C)(D)
9	(A)(B)(C)(D)	23	(A)(B)(C)(D)	37	(A)(B)(C)(D)	51	(A)(B)(C)(D)	65	(A)(B)(C)(D)	79	(A)(B)(C)(D)
10	(A)(B)(C)(D)	24	(A)(B)(C)(D)	38	(A)(B)(C)(D)	52	(A)(B)(C)(D)	66	(A)(B)(C)(D)	80	(A)(B)(C)(D)
11	(A)(B)(C)(D)	25	(A)(B)(C)(D)	39	(A)(B)(C)(D)	53	(A)(B)(C)(D)	67	(A)(B)(C)(D)		
12	(A)(B)(C)(D)	26	(A)(B)(C)(D)	40	(A)(B)(C)(D)	54	(A)(B)(C)(D)	68	(A)(B)(C)(D)		
13	(A)(B)(C)(D)	27	(A)(B)(C)(D)	41	(A)(B)(C)(D)	55	(A)(B)(C)(D)	69	(A)(B)(C)(D)		
14	(A)(B)(C)(D)	28	(A)(B)(C)(D)	42	(A)(B)(C)(D)	56	(A)(B)(C)(D)	70	(A)(B)(C)(D)		

■編者紹介

一般社団法人全日本SEO協会

2008年SEOの知識の普及とSEOコンサルタントを養成する目的で設立。会員数は600社を超え、認定SEOコンサルタント270名超を養成。東京、大阪、名古屋、福岡など、全国各地でSEOセミナーを開催。さらにSEOの知識を広めるために「SEO for everyone! SEO技術を一人ひとりの手に」という新しいスローガンを立ててSEOの検定資格制度を2017年3月から開始。同年に特定非営利活動法人全国検定振興機構に加盟。

●テキスト編集委員会

【監修】古川利博／東京理科大学工学部情報工学科教授
【執筆】鈴木将司／一般社団法人全日本SEO協会代表理事
【特許・人工知能研究】郡司武／一般社団法人全日本SEO協会特別研究員
【モバイル・システム研究】中村義和／アロマネット株式会社代表取締役社長
【構造化データ研究】大谷将大／一般社団法人全日本SEO協会 特別研究員

編集担当 ： 吉成明久 / カバーデザイン ： 秋田勘助（オフィス・エドモント）

SEO検定 公式問題集 4級 2022・2023年版

2022年3月31日　　初版発行

編　者	一般社団法人全日本SEO協会
発行者	池田武人
発行所	株式会社　シーアンドアール研究所
	新潟県新潟市北区西名目所4083-6（〒950-3122）
	電話　025-259-4293　　FAX　025-258-2801
印刷所	株式会社　ルナテック

ISBN978-4-86354-377-5 C3055
©All Japan SEO Association, 2022　　　　　　Printed in Japan

本書の一部または全部を著作権法で定める範囲を越えて、株式会社シーアンドアール研究所に無断で複写、複製、転載、データ化、テープ化することを禁じます。

落丁・乱丁が万が一ございました場合には、お取り替えいたします。弊社までご連絡ください。